猫はこうして地球を征服した

人の脳からインターネット、生態系まで

アビゲイル・タッカー
西田美緒子 訳

インターシフト

ママへ

「ああ、それはどうしようもないね」と、ネコは言った。

「ここでは、みーんな頭がおかしいんだよ」

――『不思議の国のアリス』（一八六五年）より

目次

＊文中、〔　〕は訳者の注記です

はじめに

地球の小さな征服者

二〇一二年の夏、デニス・マーティンと夫のボブは、エセックスの田園地方でキャンプを楽しんでいた。ロンドンから東におよそ八〇キロ、古びた海辺の町クラクトン＝オン＝シーから、さほど遠くない場所だ。キャンプ場の日が暮れかかるころ、デニスは焚火の煙の向こうに思いがけないものが見えたような気がした。五二歳、工場勤めのデニスは、大急ぎで双眼鏡を探し出すと、もっとよく見てみた。

「何だと思う？」と、彼女は夫に尋ねた。夫のほうも数百メートル向こうの牧草地を歩く黄褐色の生きものに目を凝らしていた。

「あれはライオンだな」と、ボブはつぶやいた。

ふたりが少しのあいだその動物をじっと見ていると、向こうもこっちを見つめているような気がした。耳がピクピク動き、少し身づくろいをし、やがて生け垣に沿ってブラブラと歩き去った。この夫婦の反応は落ち着いたもので、むしろ冷静だったとも言える（「あんな動物が野放しにされているのを見かけることは、めったにありません」と、デニスは後に『デイリーメール』紙の記者に語っている）。

だが、キャンプ場にいたほかの人たちの反応は、穏やかというわけにはいかなかった。

「なんてこった、ありゃあライオンだ」と、デニスの双眼鏡を借りて覗いた近くの人が、ひとりごとを言った。

「たいへんだ、ライオンだ！」と、別の男が叫び、自分のキャンピングカー目指して走り出したらしい。

その大型ネコ科動物は――「ヒツジの二倍くらいの大きさをしていた」との噂が広がり――間もなく夜の闇に姿を消した。警察の射撃の名手が田園地方の牧草地に集結した。動物園の飼育係が麻酔銃を手にやって来た。赤外線探知装置を備えたヘリコプターが上空を舞った。キャンプ場は閉鎖され、大物の狩りを取材するために報道陣が集まった。英国のツイッターは「エセックスのライオン」で溢れかえった。

ところが誰ひとり、その痕跡すら見つけることはできなかった。

「エセックスのライオン」は幻のネコとして知られるもので、未確認動物学的に正しい用語では、ABC（エイリアン・ビッグ・キャット）と呼ばれる。「トローブリッジの獣」や「ハーリングベリーのヒョウ」などの、捉えどころのない数多くの仲間と同じく、それはネコ科のUFOであり、旧大英帝国（英国、オーストラリア、ニュージーランド）の一部、それも大型ネコ科動物が自然界にはもういない場所、あるいはかつて一度もいたことのない場所で、とりわけよく出現している。

幻のうちのいくつかは、計画的な偽物か、動物園やサーカスから逃げ出した本物だったことが明らかになった。だがこうして自由に歩きまわるヒョウやライオンは、実はもっとずっと馴染み深い動物だとわかることが圧倒的に多い。ごく普通のイエネコ〔野生のネコではない、飼いならされ家畜化されたネコ全般。野良ネコも含む〕が、大きさを除いては生き写しの、もっと恐ろしい親戚に間違えられるのだ。

だから「エセックスのライオン」の場合も、テディベアという名の大柄で赤茶色をしたペットだったことは、ほぼ間違いない。テディを飼っている家族は、ライオン狩りの騒動があった時はちょうど休暇で留守にしていたが、夜のニュースを見てすぐに自分のネコではないかと思ったと言い、新聞記者に次のように話している。

「このあたりで大きなショウガ色の……と言えば、うちのネコしかいないからね」

こうしてサファリの茶番劇は幕を閉じた。

それでも、キャンプ場にいた人たちは愚かだったのではなく、想像力に富みすぎていたのかもしれない。実際のライオンは、今では少しも恐るべき存在ではなくなった。多くの人たちは事実上、かわいそうな存在として憐れむようにさえなっている（ミネソタ州に住む熱狂的なサファリ好きの歯科医によってジンバブエの人気ライオン「セシル」が殺されたときの、国際的な悲鳴を思い出してほしい）。かつてジャングルの王だったライオンは、今では支配するものを何も持たない、ただの遺物になってしまった。アフリカのいくつかの自然保護区とインドのたった一つの森にすがりつくようにして、わずか二万頭が人間の保護資金と慈悲に頼って生き残っているだけだ。その生息地は年を追うごとに狭まり、生物学者は今世紀末までに消滅するかもしれないと危惧する。

一方、かつては進化の補足説明にすぎなかった小さくて生意気なライオンのいとこたちが、今では自然の一大勢力となった。世界のイエネコの個体数は六億を超え、さらに増え続けている。米国内だけで一日あたりに生まれる数は野生ライオンの合計数より多く、ニューヨーク市で毎年春に生まれる子ネコの数は、野生で生息するトラの数に匹敵する。全世界のイエネコの数は、人間の愛情を二分するライバルのイヌの数を超え、最大三倍にまで達しており、おそらくその差は広がっていくだろう。米国でペットして飼われているネコの数は一九八六年から二〇〇六年までのあいだに一・五倍になり、今では一億匹に近づいた。

同様の急増は世界的な現象で、ブラジルでもペットのネコの数は年間一〇〇万匹単位で増えている。だが多くの国では、急増する野良ネコに比べて飼いネコの数は少ない。オーストラリアには一八〇〇万匹の野良ネコがいて、ペットの数の六倍にのぼる。

自由気ままなネコに飼いならされたネコ、家をもつネコに放浪するネコ、すべてを含めたこれらのネコは、自然と文化、コンクリート・ジャングルと本物のジャングルを、ますます圧倒しつつある。ネコは街や大陸だけでなく、サイバースペースまで掌握してしまった。今ではさまざまな面で私たちを支配する存在だ。

もくもくと上がる焚火の煙の向こうに、デニス・マーティンは真実を垣間見たのかもしれない——イエネコは、新たな百獣の王の座を手中に収めた。

なぜネコを愛するのか

今では私たちの文化が――オンラインもオフラインも含めて――明らかにネコブームの真っただ中にある。セレブのイエネコが映画の契約に署名し、慈善活動に寄付し、ツイッターのフォロワーとしてハリウッドの若手女優を従える。豪華なネコの絵が高級デパートの棚に並んで、ネコ専用のファッションやネコをブランドにしたアイスコーヒーブレンドが宣伝され、インターネットにはネコの写真が溢れかえる。ネコカフェでは実際にネコが監視する。そこは、さまざまなネコたちのあいだで人々がお茶を飲むという不思議な場所で、世界中の都市に続々と登場している。

ただし、こうした話題に気を取られていると、それよりはるかに興味深いことを見逃してしまう。私たちはたしかにネコ好きなのに、この動物はいったい何なのか、どのようにして私たちといっしょに暮らすようになったのか、そしてなぜ――家の内外で――計り知れないほどの威力を発揮しているのかを、ほとんど知らない。

この緊張に満ちた関係から私たちが得るものはほとんどないらしいことを考えると、ネコをめぐる物語は厚みを増す。人間に飼われるようになった動物に対して、私たちは自分が優位に立つことに慣れきっている。従属する動物たちは人間に服従するのも人間の持ち物を運ぶのも当然で、素直に食肉処理場に歩いていくことさえ当たり前なのだと、誰もが思っているのだ。だが、ネコは新聞をとってこないし、おいしい卵を産まないし、私たちを背中に乗せてもくれない。それなのに私たちは、いったいなぜこの生きものを身近に置いているのかと困惑することはめったになく、何億もの数になっている事実にももちろん疑問を感じていない。それに対する明白な答えは、私たちがネコを好きだから、好きどころか愛していると言ってもよいからだ。ではなぜ、私たちはネコを愛しているのだろうか？　ネコたちの秘密はどこにあるのだろう？

話を特にややこしくするのは、大切にされているこの生きものが、世界の侵入生物種ワースト一〇〇にも含まれているということだ。広範な生態系を傷つけ、絶滅危惧種に分類されているいくつかの動物を絶滅に追いやってもいると非難されている。オーストラリアの科学者たちは最近、その大陸で暮らす哺乳動物にとって、野良ネコが地球温暖化や生息地の喪失よりも大きな脅威であると述べた。ホオジロザメや毒ヘビのコモンデスアダーが山ほどいる環境にあって、オーストラリアの環境大臣が「獰猛な野獣」として選び出したのはイエネコだ。当惑した動物愛好家は、缶詰のサーモンにクレームフレーシュ〔サワークリームの一種〕をかけてネコにスプーンで食べさせてやるべきか、それとも永遠に心を鬼にすべきなのか、決めかねることがある。

これと同じ不確実さが米国の法律にも広がっている。一部の州では「ペット信託」によってイエネコが数百万ドルもの遺産を法的に相続できるが、別の場所では屋外に住むネコが害獣と分類されている。米国は毎年何百万匹という健康なネコを、子ネコも含めて安楽死させているというのに、ニューヨーク市は最近、迷い込んだ二匹の子ネコを助けるために巨大地下鉄網の広大な部分で運転を止めた。イエネコのこととなると、とにかく矛盾だらけだ。

人間とネコの親密さにまつわる込み入った性質が、イエネコと黒魔術とのいつまでも消えない結びつきを説明するのに役立つだろう。実際のところ、魔法使いを助ける「使い魔」という考えは——親しみやすさと不思議さの両方を感じさせて――飼いならされたネコを適切に定義している。ネコが人間に対して振るう神秘的な、ときには腹立たしいほどの力を説明するには、おそらく魔法がぴったりなのだ。ネコが介在する珍しくない病気についての議論にこの中世の被害妄想の最新版がちょくちょく顔を出すのが、このことを雄弁に物語っている。この病気は人間の脳の組織に広がり、私たちの思考や行動を危険にさらすとされている。

私たちは自分が魔法にかけられているのではないかと心配しているようだ。

関係を舵取りする力

私自身、常に催眠術にかかったままだと白状しなくてはなるまい。私はただ単にずっとネコを飼ってきたというだけではない。人生の大半で、友人たちからヒゲのついたチーズ皿とおそろいの柄の鍋つかみをプレゼントされるような暮らしをし、ネコの模様の毛布と枕で部屋を飾り、休暇のアルバムにはあちこちに地中海のネコの写真をちりばめる。これまで、(かつては世界最大の高級ネコ百貨店ではないかと噂された)ファビュラス・フェリーンズから血統書つきのネコを購入し、保護施設や路上から捨てられたネコたちを引き取ってきた。そうすることには、個人的にも職業的にも不都合がついてまわるのは覚悟の上だ――ひどいアレルギーをもった友人の母親は、私が向かいからやってくるのに気づくと道の反対側に渡って避けるようだし、ある雑誌の取材でプレーリーハタネズミの有名な研究コロニーを訪ねたときには、対応した科学者が無言で私のセーターからネコの毛を一本ずつ引き抜いた。ネコの匂いが、研究対象のネズミたちを怖がらせたり貴重な実験を台無しにしたりするのを避けるためだった。それでも私が自宅のカーペットに選ぶのは今も、ネコが吐いた跡がなるべく目立たない色ばかりで、まったく変わり映えがしない。

自分がネコのおかげで存在していると言える人はほとんどいないだろうが、私はそう言えるひとりだ。私の両親は、最初に飼ったネコを「しつけ」できるまでは子どもを産まないと誓ったらしい（そのネコはようやくコルクを追いかけることを覚えたので、両親はそれで十分だと考えてくれた）。私の家族はネコ以外の動物を飼ったことがない。妹は一度、愛犬家の浴室でパニックになったロシアンブルーを救出するために六〇〇キロ以上も車を飛ばしたことがある。母親は車で長旅をするとき、ぶちネコをショールのように首にかけて移動することで知られ、通過する料金所の係員を驚かせている。

ネコはこうして私の背景にすっかり溶け込んでいたために、この小柄な完全肉食動物に住みかを提供するのが風変わりだなどと、ほとんどまったく考えたことがなかった——だがそれは、私が自分の子どもをもつまでのことだった。自分自身の子からの容赦ない要求に直面してみると、別の種の生きものの食欲やトイレの習慣に心を砕くのがバカらしく見え、ちょっとおかしいのではないかとさえ思えてきた。そして新鮮な疑念を抱きながら私のネコたちを厳密に検討してみた。この狡猾で小さい生きものは、いったいどうやって私の心を虜《とりこ》にしたのだろう？　なぜ私はこんなに長いあいだ、ネコたちを自分の子どものように扱ってきたのだろう？

こうした疑問が頭にちらつくと同時に、私は小さい子どもの目を通してイエネコを見るという経験をした。私のふたりの娘がはじめて口にした言葉は、「ネコ」だった。ふたりは、洋服もおもちゃも本も誕生日パーティーも、すべてネコをテーマにしたものを望んだ。ヨチヨチ歩きの子どもにとって、ごく普通の小さいイエネコはほとんどライオンの大きさと同じだったから、いっしょに暮らすとで、もっと野生味に溢れた世界への疑問をつのらせたようだった。ひとりはナルニア国物語を読みふけったあと、窓から隣のネコをじっと見ながら、「アスランといっしょにいるルーシーみたいになりたいな」と、ため息まじりにつぶやいた。寝る前にはふたりとも「神様はトラを愛しているの？」と尋ね、ベビーベッドでふわふわしたネコのぬいぐるみを抱きしめた。

そこで私はこれらの生きものについてもっとよく知り、人間とネコの神秘的な関係を動かしているものはいったい何なのかを理解しようと、心に誓ったのだった。私はたまたま新聞や雑誌に動物に関する記事を書く仕事を長く続けており、アメリカアカオオカミからクラゲまでのさまざまな動物の真実を追って、人間が支配する世界で生きる独立した生命体としてそれらを理解しようと、地球の果てと言えるような場所まで出かけていた。だがときとして、最高の物語はすぐ足元にある。

それは、明るい赤茶の色合いでこの本にインスピレーションをもたらすネコ、チートーがいつもいる場所だ。

チートーは私の現在のペットで、朝食前の体重が九キロあり、その父親がアライグマと戦ったと思われるニューヨーク州北部のトレーラーパークから養子としてやって来た。並外れた大きさのせいで、配管工事に来た人は驚いてリビングルームに入るのを躊躇し、ケーブルテレビの人は友だちに見せたいからと携帯電話で写真を撮った。キャットシッターには二度目に頼むとよく断わられた。必死で餌を欲しがるチートーが、腹を揺すりながら追いかけまわしたせいだろう。その異例の体格は、家にあるものすべてを不思議の国のアリスの世界に変え、こちらは自分が縮んだのか、ネコの方が大きくなったのか、いつも不思議に思いながら暮らすほどだ。

私のベッドの隅で丸くなっているこの巨大なクロワッサンが、生態系を一変させるほどの力をもつ種に属しているとは信じ難い。それでも生物学的に見れば、室内で飼われて甘やかされているネコは、不毛の地で生きるオーストラリアの野良ネコや都会の野良ネコとまったく変わりない。人間に飼われていようといまいと、純血種だろうと雑種だろうと、物置で暮らしていようと何層もある贅沢なキャットタワーで暮らしていようと、イエネコはすべて同じ動物だ。飼いならしの過程でその遺伝子と行動が永久に変化したもので、人間を見たことがあるかないかは関係がない。飼いネコと野良ネコは何度も交雑して互いを維持して勢いづけており、飼いネコとして生まれて野良ネコとして死ぬことも、その逆のこともあり得る。両者の唯一の違いは、置かれた環境と、呼び方のもつ意味しかない。

そして、チートーは餌の入った皿が見つからない場所では生き残れそうにないとしても、「今すぐ餌をよこせ」と有無を言わせず態度で示す粘り強さが、ある重要な真実を示している――イエネコは、とても威厳のある動物なのだ。それは、イエネコが最も賢い生きものだからではない。最も強い生きものだからでもない。特にジャガーやトラなどの近い親戚に比べてみれば、それは一目瞭然だ。

体が小さい上に、ネコ科のほかのメンバーを絶滅へと向かわせているのと同じ体の作りと、負担の重いタンパク質中心の栄養必要量という宿命を背負い込んでいる。

だが、イエネコは究極の順応性を備えている。どんな場所でも暮らすことができる上、大量のタンパク質を必要としてはいても、ペリカンからコオロギまで動くものならほとんど何でも食べるし、ホットドッグのように動かないものでもたいていは食べてしまう（それに対して危機に瀕しているネコ科の親戚のなかには、チンチラの希少種のみを捕らえて食べるよう適応しているものもいる）。イエネコは睡眠の習慣や社会生活も微調整できる。そして狂ったように子孫を作れる。

私はネコの発達史を掘り下げるにつれ、この生きものを新たな、これまでより広い意味で称賛せずにはいられなくなった。そして何十人もの生物学者、生態学者、その他の研究者たちにインタビューしてみると、それらの研究者の多くもネコを称賛しているように感じられ、ときには本人の気づかないうちにそんな本音が出ていた。近年はネコ好きであることと自然科学のプロであることの区別をはっきりさせているうえに、科学者はネコを生態系の脅威とみなすグループと結束することが多いのだから、これはちょっと意外なことだった。一方で科学の分析的な側面は、ネコ科の機微と神秘の核心を侮辱しているように思える——すっかり魅了されたネコ好きにとって、自分のペットの奇跡的にも見える暗視能力を説明するのに「有利なアミノ酸置換」を持ち出されるのは、（退屈なのは言うまでもなく）不快なことだろう。

それでもネコについての最も説得力があって独創的な説明は、やはり専門誌の論文で見つかる。たとえば、ネコは「日和見主義で謎めいた孤独なハンター」、「奨励金つきの捕食者」、「陽気で繁栄をきわめる不当利得者」などだ。そして私がこの本を書くためにインタビューした科学者たちの多くは――大半とは言わないまでも――危険にさらされたハワイの動物相や脳に潜むネコの寄生生物、古代人類の祖先のかじられた骨などと研究対象はさまざまに異なっていても、自分でネコを飼っていた。

イエネコがもつ順応性の最も重要な特徴とイエネコの強さの最大の源は、人間との関係をうまく舵取りする力にあるのだから、たぶんそれは驚くようなことではないのだろう。ときには国際的な傾向に便乗し、人間が作り上げてきた世界を自分たちにとっての恩恵としてしまう。たとえば都市化は、イエネコたちの将来の見通しに恵みをもたらしてきた。今では世界人口の半数以上が都市で暮らしているために、窮屈な都会生活には小柄で手がかからない（と言われる）ネコのほうがイヌよりも適しているように思われ、人々はペットとしてネコを購入する傾向が強まっている。ペットが増えれば野良ネコも増えることになり、野良ネコは人間が近くにいても気にならないネコの遺伝子を共有するから、騒がしくストレスの多い大都会に潜むほかの動物より有利になっている。

ただし、人間との関係をうまく舵取りするにあたって、ネコはただ漫然と過ごしているわけではない。堂々と主導権を握っており、最初からずっとそうしてきた。イエネコは人間に飼われるようになった動物のなかでは珍しく、飼われることを自ら「選んだ」と言われていて、幸運にも備わっている魅力的な外見と入念な行動によって、現在では私たちの家庭、大型のマットレス、人々の想像力そのものまで支配している。インターネットを席巻しているような最近の現象は、単にずっと続いている世界制覇の最新の勝利にすぎず、その制覇に終わりはない。実際のところ、ほんの小規模な乗っ取りは私たちの家庭で毎日数えきれないほど起きており、新たにイヌを飼いたい人は大部分が自分から探しに出かけなければならないのに対し、ペットのネコはある日の夕方、裏口にひょっこり姿をあらわして勝手に家の奥まで入ってくることが、統計的に見て多いようだ。

畏敬の念を抱いて

人間によって支配された世界でイエネコが生き残るためにとる行動は印象的で独自のものだが、ネコたちの物語には普遍的な意味合いが含まれている。それは、たった一回の、無害と思われる何気ない人間の行動——誰かが小柄な野生のネコ科動物に興味をもって、家族の団欒に自由に出入りさせ、最終的には家族の心に受け入れるというようなもの——が、やがて世界的な成り行きを引き起こし、マダガスカル島の内陸部の森林から統合失調症の病棟へ、さらにオンライン掲示板へと広がっていくかもしれない事実の一例だ。

ある意味では、イエネコの台頭は悲劇と言える。イエネコへの偏愛が、ほかの多くの生きものを滅ぼしてもきたからだ。イエネコは渡り者の成り上がりで、これまでで世界を最も大きく変えてきた侵入者だ——もちろん、ホモサピエンスを除いての話だが。イエネコが生態系に登場するとライオンその他の大型動物が姿を消していくのは、偶然の一致ではない。

それでも、イエネコの物語は生命をめぐる不思議の物語、驚くべき自然の継続力の物語でもある。それをよく知れば、私たちは自分中心の考えを改めるだけでなく、ついつい赤ちゃん扱いして守ろうとしてしまう生きものを、もっと冷静な目で見るチャンスを得られる。その生きものの地平は私たちのリビングルームやネコ用トイレにとどまることなく、はるか彼方まで広がっている。イエネコは現実には毛皮を着た赤ん坊などではなく、もっと非凡な、地球全体を手中に収めた小さな征服者と呼べる存在だ。イエネコは人間なしでは存在していないはずの生きものではあっても、私たちが実際にイエネコを作ったわけではなく、現在、私たちがイエネコを制御できているわけでもない。その関係は所有しているというよりも、援助し、手を貸しているというほうが近い。

愛らしい仲間をこうした冷たい目で見るのは、裏切りのように思えるかもしれない。みんな、ネコは愛玩動物で人間に従属するものだと考えるのに慣れきっていて、進化上の自由契約選手だと思っていない。私はこの本について話をするようになってすぐ、母親と妹から投げかけられる非難がましい意見に、いちいち対応しなければならなくなった。

それでも、本物の愛情には理解が必要だ。ネコたちにウットリする気持ちはますます強まっているというのに、私たちはネコが受けるに値するものを実際には与えていないのかもしれない。

チートーのような生きものへの正しい対応は、いい子だとささやくことではなく、畏敬の念を抱くことではないだろうか。

第1章 滅亡と繁栄

イエネコとライオンの興亡

ロサンゼルスの街の真ん中、ウィルシェア通り沿いに位置する「ラ・ブレア・タールピッツ」博物館には、毒のある黒いキャラメルが溶けてブクブク泡立っているように見える池がある。その昔、カリフォルニアの開拓者たちはここからとったタールを屋根の防水に利用していたが、現在ではこれらのアスファルトの池が古生物学者にとって非常に貴重な存在となり、氷河期の野生動物の研究に役立っている。プレッツェル〔焼き菓子〕のように丸まった牙をもつコロンビアマンモス、絶滅したラクダ、迷い込んだワシなど、あらゆる種類の風変わりな動物が、粘りつく死の罠にはまった。

なかでも最も有名な生きものが、ラ・ブレア・キャットだ。

一万一〇〇〇年前まで、ラ・ブレア・タールピッツ近辺のビバリーヒルズには少なくとも七種類の先史時代のネコ科動物が暮らしていた。現代のボブキャット〔オオヤマネコの一種〕とマウンテン・ライオン、さらにいくつかの絶滅した種の、近い親戚にあたる動物たちだった。サーベルタイガーの仲間のうち最も大きくて稀少なスミロドンの骨格が、この九万平方メートルほどの発掘現場から二〇〇〇以上も見つかっていて、この種の発掘物としては地球上で最大規模となっている。

私が訪れたのは午前もそろそろ終わろうとする時間帯で、気温が上がるにつれてアスファルトが柔らかくなり、あたりには溶けた舗装道路のようなにおいが漂っていた。タールピッツ〔タールの池〕の表面に次々と浮かぶ黒くて恐ろしげな泡を見ていると、すぐ下で怪物が息をしているのではないかと思えてくる。漂うガスのせいで目には涙がにじむ。ドロドロのアスファルトに棒を突き刺すと、力を入れて引っぱっても抜けない。

「三センチか五センチの深さでウマが動けなくなります。オオナマケモノが、ハエ捕り紙にくっついたハエみたいになるんですよ」。併設された博物館のジョン・ハリス主任学芸員が説明する声には、プライドのようなものが感じられた。

皮膚についたアスファルトをとるには、鉱油かバターを使って根気よく揉みほぐすしか手はない。悪ふざけをした地元の大学生たちが、つらい経験を経て身をもって知ったことだ。十分な時間がたてばタールは骨にまで染み込むので、ここで苦しみながら死んだ巨大動物たちの遺骸はとてもよい状態で保存され、タールピッツの標本は実際には石に変わる化石にさえなっていない。残されたサーベルタイガーの肋骨にドリルで穴をあければ、歯医者の診療室と同じ、焼けたコラーゲンのにおいがする。生きているにおいだ。

タールピッツの暗黒のなかに、人間とネコ科動物との原初の関係を示すヒントはないかと目を凝らす。人間がネコに手を差し伸べる関係は、私たちにはとても直観的なものに思えるが、実際にはごく最近になってはじまったものだ。実に思い切った合意だと言える。ネコの仲間と人類とは数百万年にわたって地球上に同居しているものの、はじめから仲良くやっていたわけではなく、ましてネコがソファーでくつろぐことなどあるはずもなかった。どちらも肉と縄張りを必要として競い合う天敵であり、人類とネコ科の動物たちは食べものを分け合うどころか、互いの食べものを奪い合い、互いの残骸を食いちぎりながら長い歴史の大半を過ごしてきたのが現実だ。正直に言うなら、ほとんどの場合は向こうがこっちを食べていたのだが。

自然のままの地球を牛耳っていたのは、ラ・ブレアのサーベルタイガーや巨大なチーター、大型のホラアナライオンなどで、その後もその後継者たちが続いた。先史時代の人類の祖先は、南北アメリカの各地ではこれらの巨獣たちと生息環境を共有し、アフリカ大陸でも多様な種のサーベルタイガーと何百万年も争いを繰り広げた。大昔のネコ科動物たちの勢力はあまりにも絶大だったから、そもそもはネコたちが私たちを人間らしくするのに役立ったのかもしれない。

収蔵室では、ハリスがスミロドンの幼獣の乳歯を見せてくれた。長さが一〇センチ近くもある。

「母親はどうやって授乳していたんでしょうね?」と、私が尋ねると、

「とても用心深く」という答えが返ってきた。

成獣の上顎犬歯の長さは二〇センチで、その形は刈り取り機の刃を思わせる。曲線の内側に沿ったギザギザに指を這わせると、その感触にゾクッとした。この動物については、まだあまりよくわかっていない。いったいどうやって噛むのかを突き止めようとした研究者たちが、鋼鉄でサーベルタイガーの顎の模型を作ってみたことがあるそうで、「雄と雌の区別が最近ようやくわかったところです」と、ハリスが認めるほどだ。とりあえず、絶対的に恐ろしい動物だったということだけはたしかだろう。体重は二〇〇キログラムほどあり、がっしりした前肢でマストドンを組み伏せてから、鋭い剣歯を相手の首の厚い皮に突き立てたらしい。

次に、すぐそばのアメリカ・ライオンの骨格が目に入った。サーベルタイガーより頭ひとつ分ほど背が高く、肉をつければ体重はゆうに三五〇キロを超えるように見える。

私たちの祖先は、こうした動物たちと対峙していたのだ。

これら捕食者たちの純然たる恐ろしさ、そして人間とのあいだで繰り広げられた陰惨な戦いを思うと、今では人間がこの地球上からネコ科の動物たちを根こそぎにしようとしていることは、とりわけ注目に値する。ネコ科の現生種の大半は、大小を問わず、深刻な個体数の減少に見舞われており、日ごとに人間の勢いが増すばかりなのだ。

ただし、そこにひとつだけ例外がある。私はハリスに連れられて、博物館の入口からさほど離れていない発掘現場を訪ねた。タールが湧き出ている池の近くで、今も発掘の作業が続けられている。女性ふたりがタールの染みついたTシャツを着てスミロドンの大腿骨から少しずつ付着物をはがしているのを見学していると、私の足元で急に茶色っぽい影が動き、ボブという尻尾のない雌のイエネコが姿をあらわした。腹がでっぷりと太り、あたりの主《あるじ》といった雰囲気を漂わせている。作業をしている女性たちがクスクス笑いながら、交通事故に遭って尻尾を失ったところを救い出し、元気を取り戻させた経緯を説明してくれた。そしてボブの尻尾の名残を軽く叩きながら、「もうネズミを驚かすことはできません」と言った。

私は思わず考えた――ビバリーヒルズがこの土地で暮らした巨大ライオンの墓場になっている事実と、もともとは中東からの密航者だった小柄で控えめなネコ科の動物が今ここで繁栄している事実と、いったいどちらが奇妙なのだろうか？

だが実際のところ、イエネコの台頭とライオンの滅亡とは裏腹の関係にある。ネコ科動物たちの現在進行形の滅亡への道筋をたどれば、ボブやチートー、そして愛されているすべてのイエネコたちが何ものなのかが見えてくるだろう。イエネコは、オオヤマネコやジャガー、その他さまざまな種類のネコたちと同じ完全装備のネコ科捕食動物であると同時に、生物学的にはそのはぐれ者でもある。

もし人間による文明化の波が押し寄せなかったら、ロサンゼルス広域圏は今もなお、氷河期を生き残ったこの土地固有のネコ科動物にとって最上の生息地となっていたはずだ。現在、散り散りになったわずかなマウンテン・ライオンがサンタ・モニカ山地に出没するとは言え、その個体群は絶望的なほど孤立して同系交配が進み、稀少な幼獣が高速道路で交通事故の犠牲になることも多い。最近、P‐二二の名で親しまれているマウンテン・ライオンが、丘の上にあるハリウッドの看板の足元に立って大都会の夜景を眺めている写真が公開された。
それでも、現在タールピッツを支配しているのはボブのほうだ。

超肉食動物（殺すか、死ぬか）

ラ・ブレアのサーベルタイガーと巨大ライオンは最後の氷河期の終わりごろ絶滅しており、その理由はわかっていない。だが、生き残っている野生のネコ科動物の大半が――人間に可愛がられているイエネコとそっくりの外見をもつものもある小型の種でさえ――今では極度の苦境に立たされている理由については、さまざまな話をつなぎ合わせて考えることができる。話のはじまりは、私たちの祖先が数えきれないほど息の根を止められた場所、ネコの口のなかだ。

ネコ科は哺乳綱食肉目に属している。オオカミからハイエナまで、食肉目の生きものはどれも動物の肉を食べる。なぜかと言えば、肉は脂肪とタンパク質をたっぷり含んでいる上に消化が容易な、貴重な資源だからだ。ただし手に入れるのも難しいので、食肉目に分類されている動物でもほとんどすべてが、別の食べもので全体量を埋め合わせている。たとえばクマの仲間のブラックベアは、ウシの口なら場違いには見えない植物をすりつぶす臼歯をもち、ドングリや塊茎をムシャムシャ食べる。パンダは竹を食べることで知られている。大きな牙をもつホッキョクグマでさえ、ときにはベリー類をほおばる。

だがネコの仲間は違う。

一キログラム足らずのさびネコ〔赤毛と黒毛が混じり合ったネコ〕から三〇〇キログラム近いアムールトラまで、三〇以上にのぼるネコ科のすべての種が、「超肉食動物」と呼ばれる種類に属している。肉以外のものはほとんど食べない。ネコ科の動物の場合、植物を砕く臼歯はすっかり退化してしまい、人間の子どもが「歯の妖精」のために枕元に置く、抜けた乳歯ほどの大きさに縮んでいる。残りの歯はとても長くて鋭く、ステーキナイフとはさみを混ぜ合わせたようなものだ（ネコの歯とクマの歯の違いは、アルプス山脈とアパラチア山脈の違いに似ている）。口の前方にあって敵を殺すことを目的とした鋭い歯は犬歯と呼ばれているが、実際にはイヌよりネコのほうが大きく、それは少しも意外なことではない。ネコが食べるものにはイヌが食べるものの三倍のタンパク質が必要で、ネコの子どもではそれが四倍になる。イヌは完全菜食主義でもどうにかやっていけるが、ネコは重要な脂肪酸を体内で合成することができないために、ほかの動物の体から取り入れるしかない。

ネコの歯には目的がひとつ――殺すこと――しかないために、ネコ科の動物の口はどれもとてもよく似ていて、生物学者でも見分けるのに苦労するほどだ。マレーグマの昆虫を吸い込む顎とグリズリーの顎は似ても似つかないが、ライオンの顎とトラの顎はまったく同じ目的を果たすよう作られているので、ときには専門家でも見分けられない。

ネコの体の残りの部分についても同じことが言える。体の大きさにはとてつもない、ほとんど滑稽なほどの違いがある――頭の先から尻尾の先までの長さが四〇センチのものから四メートルのものまでいる――のに、姿にはほとんど差がない。「ネコ科の大型動物と小型動物に関して重要な点は、それらが異なっているのではなく、同じであることだ」と、エリザベス・マーシャル・トーマスは、ネコ科の動物たちの歴史を書いた著書『猫たちの隠された生活』(草思社)で述べている。そして、イエネコとトラは「同じ種類のアルファとオメガだ」とも言う。たしかに、トラには縞模様、ライオンにはたてがみがあり、ピューマの乳首は八つだがマーゲイ〔アマゾンで暮らす小型のネコ〕の場合はふたつだけだ。それでも設計図は同じで、長い後肢に力強い前肢、柔軟な背骨、バランスをとるための尻尾(ときには体長の半分もの長さがある)、そして肉だけを消化するための短い腸は共通している。ネコ科の動物はいずれも、ふだんは隠しておけるカギ爪、感覚器の役割を果たすヒゲ、音源の方向を正確に捉えるとともに可聴範囲を最大限に広げるための回転する耳をもつ。目は顔の前面にあって、すぐれた立体視と暗視の能力を備えている。頭蓋骨は半球形で顔は丸くて短く、そこにしっかり支えられた顎の筋肉が備わっているのは、口の前面で噛む力を最大限に発揮できる構造だ。

獲物が可愛いらしいウサギでも巨体の水牛でも、ほとんどすべてのネコ科動物は(超がつくスピードをもつチーターだけは注目すべき例外となるが)同じ方法で狩りをする。忍び寄り、不意打ちを食らわせ、組み伏せ、楽しむのだ。怠け者の飼いネコのチートーでさえ同じやり方をし、不運な靴ひもに飛びかかる前には太った尻を期待で小刻みに震わせる。ネコは概して視覚を用いる捕食者で、奇襲作戦に頼り、ひと噛みで(動物行動学者パウル・ライハウゼンの言葉を借りれば)「鍵穴に鍵を入れる」ように首の脊椎のあいだに犬歯を突き刺して、致命傷を与える。自分の体の三倍までの大きさの相手に勝つことができるが、野心はいつもそこで止まるとは限らない。私は子供のころよく、飼っていたシャムネコがひそかにシカを狙い、気づいていない群れの上方にある大きな石の上に身をかがめるのを見ていた。

現代のネコ科動物たちは一〇〇〇万年以上ものあいだ、並外れた広さの生息地域で世界的な成功を誇ってきた。アジアの熱帯林を特に好むが、ネコ科の祖先はほとんどすべての気候に適応している。ヒマラヤ山脈にはユキヒョウが、アマゾンにはジャガーがいるし、サハラ砂漠の真ん中にまでスナネコがいる。何千年も前にはビバリーヒルズだけでなくイングランドのデヴォンやペルーなど、オーストラリアと南極を除く地球上のほとんどどこにでもライオンが住んでいた。地上に住む野生の哺乳動物のうち最も広く分布していたのはライオンだと考えられており、無数のジャングルの王だったばかりか、砂漠や湿地、そのあいだの山岳地帯でも王として君臨していたことになる。

野生のネコ科動物が成功するために必要なものは広い場所だ。自然界ではクマやハイエナなどの他の大型肉食動物より数が少ない理由は、そこにある。最も体の小さいネコ科動物でさえ、必要量の動物性タンパク質を手に入れるには比較的広大な土地を必要とする。大まかな目安として、環境に暮らす餌動物（獲物となる動物）が一〇〇キログラムで、同じ場所に定住する一キログラムの肉食動物を支えることができる。だが超肉食動物の場合、その割合はもっと厳しい。超肉食動物に代替案は用意されていない。殺すか、死ぬかだ。実際のところ、ネコ科の動物は互いを殺し合うことがとても多い。ライオンはチーターを食べ、ヒョウはカラカルを食べ、カラカルはリビアヤマネコを食べる。同じ種の仲間を殺すことさえあり、こうした激しい敵意と秘密主義の狩猟スタイル、さらに一定の生態系では多数を支えられない事実が相まって、ほとんどのネコ科動物は単独で暮らす。

ヒトはネコ科に食べられて進化した

私たち人間は現在では驚くほどたくさんの肉を食べるとは言え、肉食動物ではない。人間は霊長類であり、親戚にあたる類人猿はあまり肉を食べない。ネコの仲間が食物連鎖の不安定な頂点に上り詰めた時期よりずっとあとの今から六〇〇万年から七〇〇万年前に、アフリカで樹上から降りはじめた初期の猿人も、同様に肉はほとんど食べなかった。

肉を食べないどころか、人間は自分の体や赤ん坊という形で気前よく肉を供給していた側だったのだ。超大型のワシ、ワニ、バスほどの長さをもつヘビ、古代のクマ、肉食性カンガルー、そしておそらく大型のカワウソなど、多様な生きものたちが人間を捕食していた。だがそうした恐ろしい生きものに囲まれていながらも、ネコ科の動物が人間にとって最も驚異的な捕食者だったことはほぼ間違いない。

人類学者ロバート・サスマンによれば、人類の初期の祖先は「ネコ科動物の全盛期」にアフリカで十分な発達を遂げた。その著書『ヒトは食べられて進化した』（化学同人）は、餌動物としての人類の歴史を詳しく解説している。人類の祖先とネコ科動物の暮らす場所が「重なり合っていた」地域では、「彼らが私たちを徹底的に利用していた」と、サスマンは私に話してくれた。ネコ科の動物たちは人類の祖先を洞窟に持ち込んだり、森のなかでガツガツ食べたり、内臓を抜いた死骸を巣穴に隠したりした。実際のところ、もし大型ネコ科動物によって殺されていなければ、私たちは人類の進化について今ほどよく知ることはできなかったかもしれない。ヒト属のものとされる世界最古の完全な形で残されていた頭蓋骨（Skull Number 5）は、グルジアのドマニシにある洞窟から見つかったが、そこは絶滅した巨大チーターのピクニック場のようなものだったらしい。南アフリカの洞窟では、古生物学者たちが山積みになったヒト族《ホミニン》やその他霊長類の骨を前に、大虐殺の原因を見出そうと繰り返し頭を悩ませていた。私たちの祖先は仲間どうしで無差別な殺し合いをしたのだろうか？　だがやがて誰かが、いくつかの頭蓋骨にあいている穴とヒョウの牙とがピッタリ一致することに気づいたのだった。

現代の光景にも、ネコ科の動物が私たち人間に強いたと思われる犠牲のヒントが残されている。サスマンと研究仲間のドナ・ハートが現代の霊長類の捕食に関するデータを調査したところ、殺された霊長類全体の三分の一以上が、今でもネコ科の動物の犠牲になっていることがわかった（イヌとハイエナが殺した件数は、わずか七パーセントだった）。ケニヤのススワ山の溶岩洞穴で行なわれたある調査では、その場所のヒョウはヒヒだけを食べていて、実質的にはほかに何も食べていなかった。人間にとって今生きているなかで最も強く、最も頭の良い親戚でさえ、体の大きさが半分しかないネコ科動物の犠牲になることがあるわけだ。科学者たちはこれまでに、ヒョウの糞からずんぐりして黒いローランドゴリラの足の指や、ライオンの糞からチンパンジーの歯を見つけてきた。

かつて餌動物だったことで人間に遺されものは何かという本格的な研究がはじまり、たとえば私たちの色覚と奥行き知覚は、まずヘビを見分けるシステムとして進化したらしいことがわかってきている。実験によれば、ごく幼い子どもでもトカゲよりヘビの形を上手に見分ける。また、子どもたちはレイヨウよりライオンのほうを早く見つける。捕食に対抗するための戦略は今もなお人々のさまざまな側面に根強く残っており、陣痛は深夜にはじまりやすい傾向があるし（多くの捕食者は夜明けと夕暮れに狩りをしてきた）、おそらく一八世紀の風景画を高く評価する気風もその例だろう。描かれた見通しのよい眺めは、危険が近づく前に察知できる心地よさを与えてくれるからだ。私がラ・ブレアでサーベルタイガーの牙を手にしたときにゾクッとして鳥肌が立ったのは、捕食者が近づくと自分を大きく見せて相手を威嚇しようと、体毛を逆立てたその昔の名残だろう。

捕食圧は、私たちの体の大きさと姿勢（細長く直立した体によって、より遠くの地平線まで見渡すことができる）、共同体と社会生活を優先する傾向（大人数でいれば見せかけの力が増してより安全になる）、さらに高度なコミュニケーションの形式を生み出すのにも役立ったようだ。ベルベットモンキーのように人間ほど知能が高くない霊長類でも、「ヒョウ」を意味する鳴き声がある（ただし、マーゲイと呼ばれるアマゾンで暮らす小型のネコも負けてはいない——狩りをしながら、霊長類の赤ん坊の泣き声を真似ることが観察されている）。

だが、私たち人間という種の進化に対するネコ科動物の最大の貢献は、捕食者と餌動物という関係ではなく、捕食者と腐肉食動物という関係から生じたものかもしれない。その贈り物とは、私たちがはじめて肉の味を知るという運命的な出来事だった。

ホモサピエンスの登場によって

初期人類が肉を食べた最古の証拠は、およそ三四〇万年前のものだ。エチオピアのディキカ近くで発見された有蹄動物の骨の切り傷は、主に菜食だった私たちの祖先が、肉を削り取るのにどれだけ苦心したかを物語っている。別の発掘現場で見つかった骨には、栄養のある骨髄まで届く深い傷があった。しかし、これらの最初のおいしい骨は、いったいどこから来たのだろうか？　人の祖先はそれから数百万年たつまで、狩猟の技を身に着けていない。

国立自然史博物館で人間による食肉を研究しているブリアナ・ポビナーによれば、武器がないのにどうしても肉を手に入れたかった私たちの祖先は、最初に狙った動物をただ追い続けて相手が疲れて死ぬのを待ったか、石を投げつけて殺した可能性もある。だがポビナーは——彼女のオフィスの壁にはとても大きな二頭の雌ライオンの写真がかかっていて、静かに見下ろしている——私たちは厚かましい泥棒兼掃除係で、「労働寄生（盗み寄生）」をしていた可能性のほうが高いと考えている。行儀の悪い「宿主」は大型ネコ科動物で、ガゼルなどの草食動物を殺し、腹いっぱい食べ、残りはあとにしようと考えて、そのまま歩き去ったのだろう。それを私たちの祖先がしつこく追い、奪えるものは何でも奪おうと忍び寄る。ヒョウが（ライオンなどのもっと強いネコ科動物の目につかないようにと）

木の上に隠した獲物のレイヨウを、横取りしたのかもしれない。だが、人類学者のカーティス・マリーンが指摘したように、最も豊富に食べ残しを提供してくれたのはサーベルタイガーだったと考えられる。サーベルタイガーの大きい歯は、殺すには最適だが噛むのに向いているとは言えず、骨には肉がたくさん残ったと想像できるからだ。なかには、サーベルタイガーの食べ残しがあまりにも豊富で、初期の人類の食生活にとって欠かせないものになったために、私たちの祖先はこのネコ科動物のあとを追うかたちでアフリカからヨーロッパに渡り、それがヒトという種の最初の大移動になったのだと提唱している科学者もいる。

私たちの祖先は、栄養分とアミノ酸が豊富な肉の味をいったん知ってしまうと、もっと食べたくなった。一部の古人類学者は、私たちを最終的に人間にしたものは肉食だったと論じている。それはたしかに決定的な一歩だった。

「肉食はとても重要だったので、私たちの石器作りの腕前がどんどん上達したのです」と、ポビナーは説明する。「それはフィードバックループで、良循環になりました。手に入れる肉の量を増やすためには、環境をしっかり把握し、コミュニケーションをとり、事前の計画を立てる必要があります。もし肉食がはじまらなかったら、今と同じ進化の軌跡をたどることはなかったでしょう」

実際、「不経済組織仮説」（消化管と脳の大きさの相関についての仮説）に従えば、肉食は文字通り私たちの心を拡大してくれたのかもしれない。菜食の霊長類は硬い植物をたくさん処理しなければならないために、とても大きくてエネルギーを大量に消費する腸をもっている（全体にほっそりしたサルがビール腹に見えるのはそのためだ）。だが、消化しやすい肉を安定して手に入れられる動物には、消化管を小さくして消化に使っていたエネルギーをもっと気の利いたもの、つまり大きな脳にまわすだけの、進化のゆとりが生まれただろう。ホモサピエンスにとって最も重要な脳は非常にコストがかかる組織で、体重の二パーセントの重さしかないのに、カロリー摂取量の二〇パーセントを消費する。これを維持できるのは肉食のおかげなのかもしれない。

私たちの祖先の脳が最も飛躍的に拡大した時期は約八〇万年前で、それは火を操れるようになってから間もなくのことだった。火を使って料理すれば肉を長持ちさせることができ、持ち運びにも便利になる。それから数十万年後には、自力で大型の動物を倒す方法も考え出した。そこからまた数十万年を早送りすると、今から約二〇万年前に、いよいよホモサピエンスの系統が枝分かれする。

この時点で、人間と大型ネコ科動物とのあいだのそれまでの一方的な力関係が、不安定ながらも均衡した状態に変わり、強化された人間の脳がネコ科動物たちの腕力と釣り合うようになった。新しい狩猟用の武器を用いて人間がときには大型のネコを追い払うことも、わずかに殺すこともあっただろうが、まだ互いに避けることが人間にとっては最善の策だったはずだ。それでも、私たちはその美しい敵に見とれずにはいられなかったらしい。世界最古の芸術のひとつ、約三万年前の南仏ショーヴェ洞窟の壁画には、堂々とした黄土色のヒョウとライオンが生物学者の観察眼でヒゲの点に至るまで詳細に描かれている。

こうして人間とネコ科動物がともに重装備し、肉を追う力がほぼ互角だった古代の膠着状態は、およそ一万年前まで続いた。そして一万年前ごろに中東のどこかで、進取の気性に富んだ人々、あるいは単に幸運だった人々が、肉を求める果てしない渇望を満たす方法を考え出した——肉が欲しければ自分たちの手で動物を育て、それを殺せばいい。植物も動物も自らの力で育てるという進化の上での大飛躍、新石器革命と呼ばれる農耕と牧畜の開始によって、狩猟採集民は永続的な共同体として定住できるようになった。そこからやがて文化が生まれ、歴史が作られ、私たちが今知っている地球へとつながる。

ほかの多くの生きものにとって、なかでもネコ科の動物たちにとって、人間の最初の群れと庭の出現は、終わりのはじまりを知らせる合図にほかならなかった。

野生のネコ科への大打撃

野生のネコ科動物の保護が苦境に陥ったのは比較的最近の現象だと思われがちで、ヨーロッパの人々、なかでもイギリス人が、全滅の要因だと非難を浴びることが多い。開拓者がインドとアフリカに銃を持ち込み、ネコ科動物の生皮に気前よく報奨金を出したことは事実だ。一九一一年ににぎやかに繰り出したジョージ五世の狩猟隊は、二週間で三九頭のベンガルトラを仕留めた。ヴィクトリア朝時代にはロンドンの動物園にアフリカライオンが溢れ返ったが、檻に閉じ込められて弱り、たいていは数年で死んでしまった（その一部は馬車馬を一頭か二頭、道連れにすることに成功した）。大英帝国あげてのネコ科動物撲滅運動は、狩猟をテーマにした物語にも記録されている。狩猟は文学の独特のカテゴリーになっており、ある生物学者は私に「哺乳類学の情熱的な側面」だと説明してくれた。イギリス人の鉄道現場総監督ジョン・ヘンリー・パターソンは、今では古典となった『ツァボの人食いライオン』（『世界動物文学全集29』［講談社］所収）で、邪悪と恐れられたたてがみのない二頭のアフリカライオンとの闘いを冷静に物語っている。

だが、どれほど冷ややかに効率よく殺したにせよ、イギリス人は農耕が産声をあげたころにはじまった流れを加速させたにすぎない。

「ネコ科の動物はとても脆弱です」と、ネコ科の遺伝学を専門とするスティーヴ・オブライエンは話す。「食べるものが十分になければ、飢えてしまう。ただそれだけのことです。問題は狩猟ではありません。人間が営む農場と、その周辺の家々なのです」

生物学的に見て、ネコ科の動物たちは広範囲にわたる人間の文明化と相容れない性質をもっている。そのことは最初から明らかだった。はじめて大規模な農業文化が生まれたエジプトで、ライオンの生息数が徐々に減っていき、やがてその大半が失われた。行進やコロッセオでの見世物用に大型のネコ科動物を捕らえていたローマ人は、紀元前三二五年の時点で、すでに地域的な不足を文書に残している。かつてはライオンが至る所で見られたパレスチナでも、一二世紀までにその姿が消えた。ヨーロッパの人々がインドに足を踏み入れる前から、ムガル帝国の皇帝たちは森林破壊によってトラの個体群を崩壊させていた。そのほかの野生のネコ科動物についても同様の状況だった。

イギリスの狩猟をテーマにした物語が最も有益な点は、その背景から、人間とネコ科動物の対立が起きる場所と状況が詳しくわかることにある。それはジャングルの奥深くではなく、新たに耕された文明の辺縁であり、インドのジャングルと隣り合わせたサトウキビ畑やコーヒー農園であり、ケニヤの低木地帯を蛇行する鉄路なのだ。そうした境界地帯に沿って、人がネコ科動物の縄張りにどんどん押し進み、ネコ科動物は人の縄張りに入り込む。

人間が深く押し進むほど、野生のネコ科動物たちとの共存はほとんど不可能になる。第一に、私たちは木を切り倒し、熱帯雨林やサバンナの奥深くに侵入し、餌動物を食い尽くしたり撃ち落としたりする。それは、ライオンやトラなどの大きいものからアフリカゴールデンキャットなどのイエネコくらい小さいものまで、すべての野生ネコ科動物にとって大打撃となる。人間は食料にする大きい草食動物をめぐって大型のネコ科動物と直接競い合い、小さい餌動物を根こそぎにしたり食肉として奪ったりして小型のネコ科動物を脅かす。

私たちは森林を伐採し、野生動物の餌になっていた在来の種を全滅させたあと、ウシやヒツジ、ニワトリや魚など、自分たちの食料となる動物を連れてくる。食べる肉を失ったあらゆる大きさのネコ科動物たちが、それらの人間の食料を食べたいと思うのは自然の成り行きだ。今度は彼らが労働寄生を目指す番だが、農場主たちはネコ科動物による盗みを大目に見たりはしない。

そうなっても、ときに、最も大型のネコ科動物がまだ私たちを食べたいと考える。二一世紀になった今も、拡大を続ける人間社会がネコ科動物の縄張りを圧迫している境界地帯では、最も恐ろしい人食いのエピソードが続いている。ロシアの広大な樺の木の森林地帯では、人里離れた森に住む孤独なハンターがアムールトラと遭遇することなく一生を過ごせるが、四〇〇万人が暮らすインドのサンダルバンス・デルタでは凶暴なトラが問題になっている。また、タンザニア西南部で急成長を遂げているルフィジ県の農地では、一〇年間に何百人もの村人たちがライオンに襲われる。

つい最近になって、人間の選ぶ武器が銃から農業用毒物へと変化している。キリンの死骸に殺虫剤を混ぜておけば、百獣の王も害虫と同じように駆除でき、人食いライオンだけでなく、おどおどしながら餌を探す群れを一掃してしまうのだ。毒物が手に入らなければ、地元の住民は利用できるものなら何でも使う。保護区から外に出たベンガルトラが、こん棒で殴り殺されることさえある。

大型ネコ科動物の消滅に手を貸していると言って遠方の人々を責めるのは簡単だが、ライオンに悩まされている牧草地に七歳の少年を家畜の世話係として送り出す場面や、自分の敷地にあるトイレでヒョウを見つけた場面を想像してみればわかる。その問題に気づけば、アメリカ人もそれらの人々と何ら変わりはない。結局のところ、アメリカ大陸の大半でもかつては大型ネコ科動物が暮らしていたのに、開拓者たちがその昔に南部からジャガーを、ミシシッピ川の東側からマウンテン・ライオンを追い払っただけのことだ。かろうじてフロリダパンサーが残されたが、近親交配が進んで数が減り、エバーグレーズ国立公園の陰気な孤立地帯でアルマジロを食べて生き延びているにすぎない。

野生のネコ科動物には、人間が好む狩猟動物、人間が育てている家畜を――そして最大のネコ科の種ともなれば――人間そのものを殺そうとする傾向があるために、人間の集落との共存は本質的に難しい。人間の数が増えるにつれて彼らの数は減らざるを得ず、生き残っているネコ科動物が魅力のない生息地に押し込められるにつれて、人間の集落形態に関連するその他の力が彼らに大打撃を与えはじめる。交通事故、ジステンパーの発生、トロフィー・ハンティング〔趣味としての野生動物の狩猟〕、毛皮目当ての捕獲、干ばつ、ハリケーン、国境警備のバリケード、珍しいペットの売買などだ。

かつて大型のネコ科動物たちが私たちを味わったように、現在では一部の人間が彼らを食べることによって、文字通り捕食者の頂点という新しい地位を獲得してさえいる。アジアの医薬品市場は人間による消費向けにトラの死骸を切り分け、爪とヒゲと胆汁、とりわけ骨を、強壮酒に利用する。ライオンの腰肉《ロイン》は、ニューヨークに本拠を置く「ガストロノーツ」というグループをはじめ、少数のアメリカ人美食家のあいだで流行の一品だ。フライパンでまず表面を焼いてからじっくり火を通し、コリアンダーとニンジンを添えて供するのが最高らしい。

居間の小さなライオン

今では、野生のネコ科動物の多くは生きているより死んでいる状態のほうがずっと見つけやすいので、私はメリーランド州郊外のショッピングモールが点在する地域まで足を延ばし、そこにひっそりと建つスミソニアン協会の保管施設で探すことにした。いくつもの巨大な建物には、街の中心にある博物館には収まりきらないイルカやゴリラたちが薬品漬けで保存されている。飛行機の大きさほどもあるクジラの骨を収蔵する格納庫のような倉庫もあった。

警備員にバッグの中身を見せてから、この無菌の墓場には食品の持ち込みは禁止と聞いて、そっとチューインガムを吐き出す。そしてすぐ、スミソニアン協会の哺乳類担当学芸員がもつ鍵束のジャラジャラという音に導かれるように、金属性キャビネットのあいだの通路を歩きはじめた。この建物にあるのはすべて「皮と頭骨と骨格です」と、クリス・ヘルゲンが肩越しに説明する。そして引き出しを開けると、一九〇九年にテディ・ルーズベルトが大統領の任期を終える数週間前に撃ったという、しわくちゃになったキリンの皮を見せてくれた。長いまつげがついたまま、艶めかしくカールしている。次に絶滅したモンクアザラシの黄色いヒゲを確認し、最大級とされる雄のゾウの牙が生えていた窪みを覗き込む。

死んだ動物を集めたこの巨大コレクションは事実上のタイムマシンで、変遷する地球と流動的な生物形態を実際にこの目でたしかめることができる。ラ・ブレアと似ているところがあるが、ここにあるほとんどの動物は人間が殺して丁寧に保存したもので、タールピッツの永劫の仕事をすべて自分たちの手で進めている点が異なっている。

「では、ネコ科の動物を見ることにしますか？」

そう言いながら左手にあるキャビネットの鍵をあけたヘルゲンは、アムールトラの顎骨と頭蓋を慎重な手つきでガチャッとはめ込んだ。野生にはもう五〇〇頭ほどしか残っていないトラだ。ヘルゲンによれば、頬骨の幅と頭頂にある骨のふくらみの長さによって、生きているときの顔は太陽のような、ほぼ完全な赤茶色の円に見えるそうだ。私には頭蓋骨が歯を食いしばっているように見えた。ヘルゲンは珍しい黒のアフリカヒョウの皮を広げ、私はガイアナのコニャック色をしたピューマを撫でてから、ユキヒョウのみっしり生えた下毛を探る。次に、ニューヨーク州で最後に生まれたとされるピューマの子の小さな皮を縫いつけた布きれを手にし、スペインオオヤマネコの耳先の飾り毛をいじってみる。荒々しく尖って真っ黒なその毛は、この上なく柔らかな絹糸の集まりのようであることに気づいた。

ヘルゲンは若い男性で、年長の同僚が好む尖った顎ひげではなく、わずかに無精ひげを生やしている。私が訪問した日は調査旅行に出発する直前で、ケニヤからミャンマーまでの野生を三か月という駆け足で巡り、ジャングルで個体数の調査をしたり、哺乳動物の未発見の種を探したりする予定になっていた。将来を悲観するような感じはなく、実際、環境に関しては楽天家の印象を受けた。

だがネコ科の話になると、そうは行かなかった。「傾向はこれまでずっとひとつの方向に進んできました。人間が野生のネコ科動物の地位を奪ってきたのです。その傾向は速度を緩めることも、反転することもなく、ただ何種類かの動物たちの終末にたどり着こうとしています」。そこには多くの大型ネコ科動物だけでなく、一部の小型のものも含まれている。彼の世代の科学者たちは、ネコ科では最初の本格的な絶滅を見届けなければならないことを恐れていて、特にスペインオオヤマネコとトラが心配されている――一部の亜種ではなく、すべてのトラの絶滅だ。トラの引き出しに戻るとヘルゲンは、（ギザギザした弾丸の穴があいているものが多い）一九世紀の標本がパキスタンのように今ではもうトラの姿が消えた生息地にいたものが多いのに対し、その後の標本は最初から自然にはトラが暮らしたことのない場所からやって来ていると指摘した。たとえばニュージャージー州ジャクソンの、シックスフラッグス・グレート・アドベンチャー・サファリパークなどだ。そして「二〇世紀後半のものは、ほとんど全部が動物園から来ています」と話す。

魅惑的な皮のキャビネットに鍵をかけたあと、ヘルゲンは通路の反対側に行き、最後のネコ科動物の頭蓋骨を取り出した。今度のは小型の種だが、標本の標識によれば、インドからインディアナ州まで、広く現代の世界を闊歩している。その生息域は、かつてライオンが暮らした地域とだいたい重なるだけでなく、さらに広がっている。この種は一般的なイエネコ（*Felis catus*）だ。

「ほら、見てください」と、ヘルゲンはその小さい顎を広げて口の中を覗けるようにしながら言った。「小さいトラですよ。これはこれなりに、実に恐ろしいんです。この歯はどうです？」

ここまでで語ってきた歴史を考えれば、信じられないほどの数まで増えた――ほとんどの場合はペットと考えている――この小型ネコ科動物を、無頓着な人間は生きたトロフィーだと考えるだろう。ローマ人がコロッセオでライオンを誇示し、中世の王たちが王家の動物園でライオンを飼ったように、私たちは最近になってようやくネコ科の大敵を征服できた証拠として、小さなライオンを身のまわりに置いておきたいのかもしれない。ミニチュアの世界でネコの残忍さをクスクス笑い、鋭い歯と爪を見ながら優しく語りかける――だが私たちが勝利したのも、つい最近のことだ。

膝の上で喉を鳴らし、リビングルームをはしゃぎまわるライオンは、人間が世界を征服したこと、人間が自然を完全に掌握していることを、実感させてくれる存在なのかもしれない。世界でイエネコが人気のペットになっていない稀有な場所のひとつがインドで、そこはまた大型のネコ科動物が今でも現実的な損害を与えている稀な地域でもあることが、そのことを示しているのだろう。

だが、ネコ科の動物は実際にまだ征服されずに残っている、ネコはまだ頂点に立って采配を振るっているという、確固たる主張もある。たしかに人食いライオンは姿を消したが、新たな時代では謙虚なイエネコが同じような王者の権利を主張している。

事実、強さと勇気を兼ね備えているにもかかわらず、ライオンは世界を制覇できたわけではまったくない。イエネコはすでに北極圏からハワイ列島に至るまで確実な地歩を築き、東京とニューヨークを占拠し、オーストラリアの大陸全土に乱入した。そうしながらいつの間にか、この惑星で最も貴重な、最も厳重に守られた領域まで占拠してしまった。それは人間の心の牙城だ。

第2章　なついていても野生を残す

長く奇妙な道のり

私がチートーを手に入れたのは――もしかしたらチートーが私を手に入れたのかもしれないが――復活祭の季節だった。ニューヨーク州北部の田舎で駆け出しの新聞記者をしていた二〇〇三年のことだ。新たな任務で古びた長椅子の脇にたどり着いた私は、涙にくれる若い女性とその母親に寄り添っていた。彼女たちのトレーラーハウス村で起きたばかりの殺人事件の記事を書くのが仕事だったのに、話を切り出すきっかけをうまくつかめないままだった。

そのとき突然、私の足首に柔らかいものがぶつかった。足元を見ると、これまで見たこともないほど大きく、がっしりした胸をもつ赤茶色の雄ネコがいて、巨大な赤い頭をもう一回私にぶつけようとしていた。私は反射的に手を伸ばし、顎の下のフワフワの毛を撫でた。

「この子はあなたのことが好きね」。そう言った母親の声には、自由に触っていいと認めてくれる響きが感じられた。「誰のことも好きにはならない子なのに」

暗いインタビューはたちまち脱線し、その村に何十匹といるネコについての生き生きとした会話がはじまった。ネコたちは村人共有のお楽しみといったもので、誰かに飼われているわけではなく、家から家へとブラブラしながら暮らしている。大歓迎されることもあれば、それほどでもないこともあるだろう。

女性ふたりに案内されてトレーラーの奥の部屋に入ると、出産したばかりの、ほっそりした三毛の放浪ネコが横たわっていた。生まれたての赤茶色の赤ちゃんネコが二匹、ピッタリ寄り添っている。まがりなりにも保っていた私のプロとしての態度は、ここで完全に消滅した。

一匹はほんのりした桃の色合いを帯びていた。もう一匹の毛は鮮やかなみかんの色、あるいはもっと明るくさえ見えた。まがいものの粉末チーズのような色だ。二匹の毛の色調からして、さっき足元にまとわりついた押しの強い雄ネコが、その誕生に少なからぬ役割を果たしたように思えた。明るいみかん色のほうをすくい上げると、私の手のひらにすっぽりとはまった。耳の先は赤ちゃんらしく折れ曲がっている。小さなかすんだ目をやっと開いたところで、私はチートーが生まれてはじめて見たもののひとつになった。

記事を書く任務を果たせないまま、六週間後に私の新しい子ネコを受け取りに来るようにという正式な招待の言葉をもらってから、家路につこうと車の運転席にすわると、トレーラーの開いた窓からチートーの父親の巨体が飛び出したのが見えた。次の食事をねだりに行くのか、はたまた新たな恋の相手を探しに行くのか。私はそのときまで、これほど自由にぶらつきながら暮らすネコを見たことがなかった。それぞれの家に飼われているペットのように隔離されず、キャットフードをもらったりゴミ箱をあさったりして自活し、自分の好きなように図太く行き来している。なんだかとても進んだ、ほとんど未来的な取り決めのように思えた――カリフォルニアにあった型破りなヒッピー共同体のネコ版のようだ。

だが実際に、人間とネコ科動物との関係が最初に生まれた状況は、これに似ていたのかもしれない。トレーラーハウス村ではなく、土でできた小屋の集落だっただけの違いだ。ネコが人に飼いならされるまでの長く奇妙な、実にありそうもない道のりは、そのほかに足がかりを見つけることなどできそうもない。

なぜ人間に近づいてきたのか

一万一六〇〇年前の村、ハラン・チェミは、現在のトルコにあたるチグリス川支流の岸に沿って生まれた。そこでは石器時代のほんのひと握りの家族が、土で作った住居に暮らしていた。だがそんなにささやかな共同社会から、農耕という人類の歴史的転換がはじまったらしい。狩猟採集から農業へという私たちの暮らしの変化は、やがて世界中の超肉食動物の多くを破滅へと追いやることになるが、のちに飼いならされていく少数の種にとってはまさに「ゴールデンチケット」で、そのなかには現在のイエネコとなる野生のネコ科動物も含まれていた。

一九八九年に考古学者によって発見されたハラン・チェミは、東方の肥沃な三日月地帯で最初に生まれた永続的な共同体のひとつで、そのころに起きていた環境の変化から食べものを探しに広域を歩きまわる必要がなくなった流浪の民にとっての、原始的なベースキャンプだったのではないかと考えられている。氷河期が終わりに近づくにつれて局地的な気候が安定し、自然の資源が豊富になったことから、考古学者が「食域拡大」と呼ぶものが起きた。住民たちは川で魚をとり、近くのピスタチオの森で実を集め、丘陵や平原地帯で大きな獣を追った。出会うものを、ほとんど何でも食べた――ハクチョウ、ハマグリやアサリ、トカゲ、フクロウ、アカシカ、イノシシ、カメ。新石器時代の村人たちは合計で、およそ二トンの動物の骨を残している。

考古学者メリンダ・ジーダーは火で焼かれたそれらの骨を、何年もかけてより分けてきた。スミソニアン博物館の大型ネコ科動物の骨格コレクションから廊下を進んだ先にある彼女の研究室宛てに、発掘現場から送られてきたものだ。ときに大昔の肉を焼く焚火の明かりを見つめているような目をするジーダーは、動物の飼いならしと、人類の定住生活への運命的な移行を専門としている。ハラン・チェミの先史時代の村人たちはまだ家畜を飼っておらず、その時点で飼いならされていたのはイヌだけだったが（イヌはそれより何千年も前、人々がまだ移動生活をしていたころに飼いならされた）、住民たちはイノシシなどのその地域にいた餌動物を意図的に扱いはじめていたかもしれない。さらに、これらの原始の農民たちが別の種類のフワフワした毛皮で覆われた小さな獣を、意図せずにどうやって手元に置くようになったかについても、ハラン・チェミにヒントがあるとジーダーは考えている。

ジーダーのオフィスで話をしていると、シナモンスティックらしきものが入った小さいビニール袋を大学院生が机の上に置いた。焼き固めた粘土のようにもろい感じに見える、茶色くなった古代の下肢骨だった。貧弱なそれらの骨はイエネコの祖先のものだ。単に「ヤマネコ」と呼ばれることが多い。

ハラン・チェミの太古の寄せ集めからこれまでに確認された五八個のヤマネコの骨は、十中八九、人間がペットとして飼ったはじめてのネコのものではない。残念なことに、これらのネコも、ほかのあらゆるものといっしょに食べられてしまったのだろう（もっぱら料理の目的でネコを好んだネアンデルタール人と狩猟採集民について書いた、短いが生き生きとした描写の科学論文がある）。だがジーダーと彼女が指導する学生たちは、この変わり者の小型肉食動物——ヤマネコ（学名は *Felis silvestris* で、「森のネコ」という意味）——がどのようにして森を捨て、人間と運命を共にするようになったのか、ある考えをもっている。人間の定住は、チートーの祖先にとってはそもそもありがたい生活様式だったことがわかってきているのだ。

「定住は環境にどんな影響をもたらすと思いますか？」、ジーダーは質問するのが好きだ。「ほかの動物の進化の軌跡を、どのように変えるでしょう？」

人間の新しい生活様式は、ネコ科の動物だけでなく、とても多くの種に影響を及ぼした。ハラン・

チェミはヤマネコのほかに、アナグマやテンやイタチ、とりわけキツネなど、ほかの小型肉食動物をどれも、食物網での自然の配分に見られる割合よりはるかに数多く引きつけていた。このように中くらいの大きさの捕食動物が過剰になる現象は、実際には現代の市街地で一般的に見られる特徴だ。今では都市部にアライグマやスカンクなど肉食の厄介者がいっぱいいて、ロンドンのアカギツネは住民をひどく困らせている。

小型肉食動物の個体数の急増は、「中位捕食者の解放（上位捕食者が減少するかいなくなると、中位捕食者が増加して最下位の種が減る現象）」と呼ばれていて、このような過剰は人間が生態系から最上位の捕食者を一掃することで起きるようだ。事実、ハラン・チェミから見つかるヒョウとオオヤマネコの骨は、村人たちが大型のネコ科動物の狩猟に長け、さもなければ打ち負かされるか絶滅にさえ追いやられるかもしれなかった小柄な肉食動物の暮らしを楽にしたことを示している。人間はこれらのキツネやアナグマを、そして小型ネコ科動物も、好きではなかったかもしれないが苦にするほどでもなかったのだろう。現在の郊外のアライグマと同じようなものだ。

最初に人間が定住した集落は、安全な避難所を提供しただけでなく、まったく新しい食糧供給源にもなった。ハラン・チェミに侵入したイタチやアナグマやネコは、腹をすかしていたのではないだろうか。そこであぶり焼きにされた大型動物の多くは大ざっぱに解体されたように見えるから、あたりには腐った肉が山ほどあって、簡単に盗むことができたに違いない（「ひどいにおいがしたでしょうね」と、ジーダーは話す）。ちっちゃな肉食動物にとって、このようなゴミは世界を一変させるほどの、棚ぼたのごちそうだったはずだ。小型の肉食動物も、うろついていればときどきは捕らえられ、自分自身が食卓に並んだりコート用の毛皮を提供したりしたのだろうが、危険を冒すだけの価値はあったと思われる。

だから人間は知らず知らずのうちに、小さい捕食者全体を歓迎していたことになる。だがそれならばなぜ、私たちは今、リビングルームでアナグマやキツネといっしょに暮らしていないのだろうか。ハラン・チェミで人間の住みかに忍び込んだ小型野生動物のうち、なぜネコだけがその後もずっと私たちのもとにとどまり、飼いならされたのだろうか？　しかもそれまでネコ科の動物と人間とが激しく反目してきたことを考えれば、一体全体どうして私たちは彼らを手元に置いたのだろうか？

肥沃な三日月地帯で

科学者たちが動物の飼いならしの過程を説明するには、動物たちが何世紀もかけて歩む――または、たいていは導かれる――広い道や細い道にたとえ、その途中で一連の大きな遺伝子変化が生じるとみなすことが多い。それは主として一方通行の道だ。野生の種がいったん飼いならされると、個々に自然に戻る例はあっても、後戻りはできない。「野生化した」動物は野生動物ではなく、自然環境に迷い込んだ家畜であり、その子孫は生物学的には家畜小屋から一度も出たことのない動物と同類になる（チートーといっしょに生まれ、長いこと行方不明になっている赤茶色のきょうだいについて考えてみてほしい。もしそのネコが最後まで野外で生きることになったとしても、もっている遺伝物質は甘やかされた過保護のきょうだいのものと変わりなく、その子どもたち——さらに今後の数えきれないほどの世代——は扱いやすいペットの素地をもっている）。それに対して、野生動物を一生にわたって手なずけることはできるかもしれないが、飼いならすことはできない——その動物は、人間といっしょにいて感じる心地よさを子どもに伝えることはできないからだ。私たちはこれまでにたくさんの種類の野生のネコ科動物を、ライオンやトラやチーターまで手なずけてきた。だが、飼いならされたネコ科動物はイエネコしかいない。

飼いならされた動物が得るものはとても大きい。人間の豊富な食べものと強力な保護を手に入れ、繁殖もそれまでになく活発になる。一部は人間の勢いを超えるほどだ。現在、地球上には人間のおよそ三倍の数のニワトリ（ヤケイの子孫）がいるし、ヒツジ（ムフロンの子孫）の数が人間の七倍に達している国もある。

それと引き換えに、飼われている動物たちは肉や毛皮や労力、さらに自由を人間に捧げ、多くの場合は人間といっしょの暮らしに合わせて大幅な身体的変化も経験する。飼いならされた動物の外見は通常、もとになった野生の種と大きく異なっている。その一部は人間が意図的に手を加え、毛皮を厚くしたり肉を増やしたりと、人間にとって望ましい質をもつように品種改良した結果だ。だが一部には、人間のそばで暮らしたことで偶然に変化してきた結果もある。飼いならされた動物は野生種の子ども時代に似ていたり、斑点や垂れた耳のように奇妙な性質をもったりすることが多く、その理由についてはこれから少しずつ探っていこうと思う。定番の家畜のほとんどについては、化石で見つかる明らかな変化を研究するだけで飼いならしの時系列をたどることができる。考古学者は、古代のブタに見られる臼歯の減少、ウシの角の縮小など、紛れもない飼いならしの痕跡を探す。だが最初に飼いならされた動物であるイヌは、人間の保護下でその姿をまったく変えてしまったので、チワワやゴールデンレトリバーやピットブルと多様になった現代の犬種がどのオオカミの子孫で、いつ枝分かれしたのか、判断するのはとても難しい。

一方のイエネコの場合、問題はその逆だ。ネコは人間に混じって暮らすようになってからも身体的な特徴をほとんど変えていないために、専門家は今もなおイエネコと野生のネコを区別できないことが多い。このことはネコの飼いならしの研究を難しくしている。古代の化石を調べるだけでは、ネコが人間との暮らしに移行した時期を特定するのはほぼ不可能で、そうした化石は現代のものとほとんど変わりがないのだ。「首輪やベルは見つかりませんからね」と、ジーダーは忠告する。

あまのじゃくのネコは、ほかの生きものに当てはまるパターンに従っていないことから、ほとんどの科学者からただ無視されてきた。チャールズ・ダーウィンは家畜化について書いた著書で、とりわけ難しいネコにはほんの数ページしか割いていないのに対し、ハトには二つの章を使っている。実際のところ、イエネコはヒツジやニワトリと同じ進化上の恩恵を受けているとは言え、ほんとうに飼いならされた動物とみなすにふさわしいかどうかの議論はまだ終わっていない。ネコは飼いならしの道の終点までたどり着いたのか、それともその途上なのか？

科学者たちはとても長いあいだ、イエネコの祖先となる野生のネコ科動物の種類さえ特定できないでいた。私たちのペットになっているネコには、いくつかの異なる種類のネコ科動物の血が少しずつ混じっているのではないかと疑っていたのだ。一匹のシャムネコには、マヌルネコのフワフワした毛がちょっとだけ、ジャングルキャットのような斑点が少し、それにたぶんインドスナネコの模様もわずかながら混じっているのではないか？　ヤマネコ（*Felis silvestris*）の遺伝子をもつ可能性が非常に高いようだが、五つの亜種のどれなのか、それとも全部なのか？

二〇〇〇年代のはじめ、オックスフォード大学の博士課程で学んでいたカルロス・ドリスコルは、この問題に決着をつけようと考えた。そこで世界中の一〇〇〇匹のネコから遺伝物質の試料を採取し、共通の祖先を突き止められるかどうかを見極めるという意欲的な目標を掲げて、オートバイの旅に出発した。イスラエルでは生きたハトをおとりにしてネコを捕まえる罠を仕掛け、モンゴルでは野良ネコと親しくなり、スコットランドでは車にはねられて死んだネコから耳の先をとり、アメリカではおしゃれなネコのブリーダーを説得して飼っているネコのＤＮＡを調べさせてもらった。

プロジェクトの完了までには一〇年近い年月を要したが、結果は待つだけの価値のあるものだった。貴族のようなペルシャネコから汚れた野良ネコまで、マンハッタンの路地裏で暮らす世慣れたネコからニュージーランドの森に住む迷いネコまで、すべてのイエネコはネコ科のさまざまな種の遺伝子が混じりあって生まれたものではなく、ヤマネコ（*Felis silvestris*）の子孫であることがわかったのだ。さらに驚くことに、そのなかでも亜種のリビアヤマネコ（*Felis silvestris lybica*）だけが進化して、現在のイエネコが生まれた。リビアヤマネコは、トルコ南部、イラク、イスラエルという中東を原産とする種で、今でもその地域にいる。

ドリスコルはプロジェクトによる遺伝分析を、わずかな考古学的証拠と突き合わせる作業を進めた。キプロス島の九五〇〇年前の墓から見つかった子ネコは、当時すでに人間がネコを気に入っていたことを示しているし、紀元前一九五〇年のエジプトの工芸品はネコが人間の家にごく普通にいたことを物語っている。そこでドリスコルは、人とイエネコとの飼いならしの関係はヒツジやウシ、そのほか大切な家畜たちの大半と、同じ時期および同じ場所ではじまったと結論づけた。おそらく一万年から一万二〇〇〇年前に、ハラン・チェミと似ている肥沃な三日月地帯のどこかではじまったと思われるが、長い期間にいくつかの場所で別々に試みられたのかもしれない。ともかくも、イエネコはそこから広がって全世界を占拠するようになった。

こうしてようやくネコの飼いならしがいつ、どこではじまったのか、おおよそのことがわかってきている。残るは、なぜ、どのようにして、という謎であり、最終的には誰がはじめたのかという疑問がある。ネコの飼いならしに人間がどれだけ発言権をもっていたのか、はっきりしていないからだ。

勇気あるネコたち

ネコ科の動物はどこからどう見ても、飼いならしの候補としては最悪だ。最も疑う余地のない問題はその社会生活に、あるいは社会生活の欠如にある。人間がほかの種を支配するときの基本的戦略は、通常は集団内の順位を乗っ取るもので、君臨する雄ウシやリーダー格のイヌの役割を人が果たすことによって、従属する動物たちを思い通りに動かし、好きなように交配し、命令し、殺せるようになる。ところがほとんどすべてのネコ科の動物と同じく(ライオンは、ときにはチーターも、例外となる)、リビアヤマネコに社会的な階級はない。リーダーがいないのだ。野生では、交尾中を除き、ほかの成熟したネコが近くにいることさえ許さない。ネコを群れにするのはほんとうに難しい。

飼いならしに適しているかどうかという点でマイナスになるのは、ネコの限られた社会生活だけではない。野生のリビアヤマネコは、大半のネコ科動物と同じく、夜行性で縄張り意識が強く、機敏なために閉じ込めておくのが難しいという性質をもっていて、人間と生活の時間と空間を共有するための理想からは程遠い。また、交尾に関してもとても気難しい——飼いならしでは望ましい特性を強めるために、人間が最もよいとみなす動物を繁殖させるのが一般的だが、ネコの場合は人間がその性生活を左右するようになったのは過去一万年以上のうちのわずか一〇〇年にすぎないとドリスコルは考えている。現在でも、人間が指図している交尾の割合はわずかなものだ(ほとんどが純血種を作り出すため)。

そしてもちろん、リビアヤマネコはどうしようもないくらい好き嫌いが激しい。家畜の多く(ブタやヤギなど)はどんな残飯でも喜んで食べるのに、ネコ科動物はいずれも超肉食動物で、質のよい肉しか食べない。夜中の一一時に七面鳥の肉やトリモツがないことに気づいたことがある飼い主なら誰でも思い当たるように、現代のペットのネコでもこの要求は厄介なものだが、肉が今よりはるかに貴重な資源だった昔には、ネコと飼い主のあいだで実際に肉食をめぐる競争があったことだろう（世界には、このライバル関係がまだわずかに残っている場所もある。たとえばオーストラリアの平均的な飼いネコが一年間に食べる魚の量は、平均的なオーストラリア人が食べる量よりも多い）。

まだ飢餓とヒョウに苦しめられていたころの私たちの祖先が、こうしたすべての欠点にうまく対処できたとしても、なぜそんな努力をしたのかははっきりしない。飼いならしの動機は一般にとても明白で、人間が動物の体の一部、副産物、あるいは労働力を欲しがることではじまる。イエネコが実際に何を提供するのかは（次の章で詳しく見ていくが）、さらによくわからない問題だ。

ところがリビアヤマネコにとって幸運にも、この種の少なくとも一部のメンバーが、「飼いならし」に不可欠な役立つ特性を備えていることがわかった。気性だ。人間といっしょにいて基本的に快適に過ごせることは、飼いならしのすべての候補にとって他の要素をはるかに超える、最も大切な前提条件となる。不安を感じやすい動物は、とらわれの身では交尾できず、ストレスで死んでしまうことさえあるだろう。飼っているウサギがウサギらしいウサギを産むようにと、人間はいつでも意図的に、あるいは無意識のうちに、私たちの雑然とした環境でうまくやっていけるおとなしい動物を繁殖させてきた。イエネコの不思議な点は、その特徴を自ら培ってきたように思えることにある。

野生のネコ科動物はほとんどすべて、人間を食べてしまえるほど大型の種でさえ、臆病で隠れるように暮らし、たいていは人間をひどく恐れており、それには十分な理由がある。飼いならされてはいないがイエネコとほとんど同じヤマネコ（*Felis silvestris*）のいくつかの亜種も、そのような種に含まれる。野生動物写真家のフランセス・ピットは一九三〇年代に、イエネコの祖先と近い親戚にあたるヨーロッパヤマネコ（*Felis silvestris silvestris*）を手なずけようとした経験について、次のように書いている。「悪魔界の王女ビエルゼビナは」――ピットは捕らえた幼いヨーロッパヤマネコをこう呼んでいた――「唾を吐き、敵意をむきだしにして引っ掻いた。薄緑色の目は残忍な憎しみをこめて人間をにらみ、こちらがなんとか親しい関係を築こうとしても、ことごとく失敗した」

だが中東のヤマネコは珍しい例外と言える。野生のリビアヤマネコに無線装置を組み込んだ首輪をつけた最近の研究によれば、ほとんどは人間を避けているが、ときには変わり者がいて人間を追いかけ、ハト小屋のまわりをうろつき、ペットのネコといちゃついて、異種交配を繰り返している。だからと言って、向こう見ずなリビアヤマネコがイエネコに見られるような愛情のこもった行動をとれるというわけではない。これらの野生の動物たちは、日曜の朝に飼い主に寄り添ったり、肩に乗ったり、腹を撫でてほしいとねだったりするつもりはまったくない。それでもドリスコルによれば、性格は一族に伝わる特徴であり、乳の量や筋肉の質と同じようにDNAを通して受け継がれ、ときには強められる。そして自然界のリビアヤマネコの遺伝子プールで起きる何らかの気まぐれな変化によって、そのヤマネコが生まれつき向こう見ずということもあるだろう――その特徴がやがて、ネコと人間とのあいだに生まれる絆の源になる。私たちがペットのネコの「人なつこさ」と呼んでいるものの一部は、敵意のなさだ。だが、恐怖心のなさでもあり、もって生まれた大胆さでもある。

だから、ハラン・チェミなどで焚火を囲む人の輪に最初に混じったのは、おとなしくて優しいネコではなく、ライオンハートの持ち主、勇猛果敢なネコだった。最も大胆不敵なネコが潜入してみると、人間のおいしい残りものに元気づけられ、近くで同じように食べている勇敢なネコと交尾してさらに向こう見ずな赤ん坊を産んだ。彼らは飼いならしのために人間によって集められた動物ではなく、侵入者だった。キツネやアナグマなど、ほかの小さい捕食動物は文明の境界あたりにとどまることで満足し、今でもそのままの場所で暮らしているのに対し、勇気あるネコたちは人間の暮らしの奥深く、ベッドにまで潜り込むことに成功している。そしてその過程で、通常は人間が主導する選択の過程をハイジャックしてしまった。

実質的には「イエネコは自ら進んで飼いならされたのだ」と、ドリスコルは私に話してくれた。そして、ネコ科の性格の重要な特徴が血統に沿ってどのように現代のペットにまで続いているかを感じとるには、ある建物の地下室を訪ねるといいと言った。

やがてネコは垂れ耳になる

メロディー・ロウルク＝パーカーとはじめて会ったとき、彼女は国立衛生研究所（ＮＩＨ）の研究室で、冷凍したマウンテン・ライオンの心臓をハンマーで分解していた。大型ネコ科動物の獣医として世界的に知られているロウルク＝パーカーは、セレンゲティのライオンに流行したジステンパーを診断し、チーターの遺伝的ボトルネック〔生物集団の個体数が激減した後に再繁殖したため、遺伝子の多様性が失われること〕の証拠発見を助けた実績をあげている一方、世界中の野生ネコ科動物の組織試料を冷凍したワールドクラスの個人コレクションをもっている。

だが私が興味を抱いているのは、それとは別の、彼女の家で暮らしているほうのコレクションだ。

ロウルク゠パーカーは長年にわたり、NIHがもつ野生のベンガルヤマネコのコロニーを監督する立場にあった。ベンガルヤマネコは南アジアのジャングルを原産地とする斑点のある小型のネコで、科学者たちはそれを普通のイエネコと交配し、繁殖力の問題から特定の毛色の進化に至るさまざまなテーマを研究していた。やがてそれらの実験への研究資金の提供が途絶えたとき、ロウルク゠パーカーは——彼女の心は冷凍庫で眠っている心臓よりはるかに柔らかくて思いやりに溢れているので——数十匹もの混血の実験動物を引き取ることにしたのだった。ケージの金網の天井に逆さまにぶら下がって走るなど、悪魔祓いができそうな行動をとるネコたちだったにもかかわらずだ。手をかけて可愛がられることもなく、ベンガルヤマネコの遺伝子ももっていたので、大半が多かれ少なかれ野生のままだった——彼女は「根っからの暴れん坊」だと懐かしく思い出す。

その後一〇年の歳月が過ぎて何度も子ネコが誕生した今、ロウルク゠パーカーのメリーランドの家の地下室はまるでミニチュアの動物園のようだ。何段にも積まれたいくつものケージには、ブラブラ揺れる木の枝やハンモックが楽しそうに飾られている。訪れた人は、つり上がったたくさんの黄色い目でじっと監視されているような気分になる。ニャーという鳴き声が、洗濯機のまわる機械的な連続音と入り混じる。ベンガルヤマネコとイエネコとの混血は今ではほとんど普通のペットに見え、灰色や白黒、渦を巻くぶちネコなどがいる。ただしロウルク＝パーカーが今、以前の研究室仲間だったドリスコルとともに関心を寄せているのは、動物たちの外見の向こうにある行動だ。それは、明確な遺伝経路に従っているように見える。

「いくつかの家族をお見せしましょうね。まずはじめにキウイから」。ロウルク＝パーカーはそう言うと、扁平な耳と怒ったような顔をもつネコでいっぱいの、大きなケージに案内してくれた。斑点のあるぶちネコのキウイと大きくなった彼女の子どもたちが、先を争って私たちからできるだけ遠ざかろうとするので、水入れがカタカタと音をたてる。「これはひどい家族で、キウイは私のことが好きではなくて、私のことを見ようとしないの。キウイの子どもたちは大半がほんとうに反抗的だし、その行動ときたら、『ムカついた、ブチ殺してやる』みたいな雰囲気ね」

キウイの子どものうち何匹かは美しい銀色で、特に飼いたい人がいそうに見えるが、気性が荒いせいで引き取り手がいない。ロウルク＝パーカーは次に、「あれはスノーウィッチ（雪の魔女）と呼ばれているネコ」と言いながら、一番の無法者を指さす。スノーウィッチは実に可愛らしい子ネコだったので、ＮＩＨの研究室のメンバーのひとりが浅はかにも飼いたいと申し出たそうだ。だが新しい家で過ごした最初の晩に、子ネコは浴室の天井から換気扇を引きはがしてしまった。そのせいでスノーウィッチは地下室に戻ってきている。

その対極にいるのがポピーだ。ポピーの交配にはキウイの相手にもなった雄ネコの何匹かが使われていたが、どういうわけかその子どもたちは扱いやすい傾向があり、世代を経るごとに人になつくようになっている。私たちはその一部――ピスタチオとピーカンとパイロ――に会った。「私の肩に乗りたがる、ほんとうの甘えん坊がときどきいるのよ」と、ロウルク＝パーカーは話す。

ちょうどよいタイミングで悲しげなニャーという声が聞こえ、ロウルク＝パーカーが扉をあけると、ポピーの血統につながる錆茶色をしたサイプラスがケージから飛び出してきたのでびっくりした。そんな特別扱いを受けているのはこのネコだけのように見える。サイプラスが洗濯機の横で自分だけの缶詰フードを食べはじめると、ロウルク＝パーカーはめいっぱい撫でてやったうえに、とろけるほど優しい顔で接し、ネコのほうは彼女に憧れるような眼差しを向けてアイコンタクトを求めた。実際、もし彼女がこのネコに甘い口調で話しかけて地下から上階にあるリビングルームに連れていったとしても、驚きはしなかっただろう。ほかのネコたちといっしょにコロニーで暮らしてはいるが、サイプラスはほとんどペットも同然だ。だが、このネコだけこんなに違うのは、いったいなぜなのだろうか？

やがて、この地下室に関心をもって訪ねてきたのは、私が最初ではないことがわかる。少し前に、彼女はこれまでで最も有名な飼いならしの研究に加わっている科学者を案内していた。それは今もお続いているロシアのキツネ農場での実験だ。五〇年以上前にシベリアの科学者たちがギンギツネを交配して研究を進めることにしたとき、農場のキツネとして高く評価される毛皮の質や体格などの身体的特性を選択の基準にするのではなく、キツネのもつ気性だけを重視した。その結果は衝撃的なものだった。最も人を怖がらないように見えるキツネどうしを交配していくと、それまで一度も飼いならされたことがなく、人間を見れば唸り声を上げていたギンギツネが、わずか数世代でイヌのように科学者の手を舐めるようになったのだ。今ではギンギツネはペットとして売られている。

ロシアからの訪問者は、人あたりのよいポピーと気難しいキウイ、さらにそれぞれの系統のネコたちについて、詳しく知りたがった。科学者たちは、そうした気性の違いを生み出す遺伝子、謎に包まれた飼いならしの過程の根底にある遺伝子を、いつか突き止めたいと考えている。

とはいえ、ロウルク＝パーカーの地下室での暮らしは非常に人工的な筋書きのもとに営まれていて、人間が監督の役割を果たしている。ネコの飼いならしの実際の歴史、何よりも野生のネコ科動物の性格が重要な変化を遂げてきた歴史は、有名なキツネの実験と同じ筋道をたどった興味深い現実世界の出来事になる。ネコ科動物の性格の変化は主として、自然界および人間と共通の歴史を舞台に、徐々に勇気をふるって自らの意志で人間の集落に侵入し、やがて繁殖するようになっていったネコのあいだで起きたものだ。人間が手綱をとってきたわけではない。

自然の過程だったから、野生動物から可愛らしいペットへのイエネコの現実的な変身はゆっくり、とてもゆっくり進んだ。ギンギツネの性格の変化にはわずか数十年しかかからず、——一万年前にはじめてウシやヒツジを飼った人々には現代のロシアの科学者のような知識はなかったが——一般的な家畜の大半を生み出した大昔の飼いならしの期間はわずか数世紀だった。それに対してイエネコの場合、その過程はおそらく今もなお続いている。ワシントン大学セントルイス校の研究者が最近、イエネコとその野生の親戚であるリビアヤマネコのゲノムを比較したところ、見つかった遺伝的違いはほんのひと握りにすぎず、特にイエイヌが経験してきた変化を考えるとあまりにもわずかなものだった。「ネコの飼いならしがはじまって以降の選択の強い信号をもつゲノム領域の数は少ないように見える」と、論文の著者は書いている。

現代のイエネコの体形からわかることも同じようなものだ。飼いならされた動物の大半はどれも共通した特有の身体的特徴をもっていて、たとえば斑点模様の被毛、小さい歯、幼く見える顔、垂れた耳、丸まった尻尾などがある。まだほとんど解明されていないこれらの一連の特徴を、科学者は「家畜化症候群」と呼んでいる。これに最初に気づいたダーウィンは、なかでも垂れた耳に当惑した。飼いならされたイヌ、ブタ、ヤギ、ウサギにはごく当たり前に見られるが、野生動物ではゾウを除いてまったくない。ロシアのキツネの場合は、人になついてくると急に特徴的な垂れ耳があらわれ、同時に毛皮に白い斑点が出てきて、ボーダーコリーに似て見えるようになった（養殖のコイにさえ、鱗にまだらの白い斑点があらわれる）。ちょっと風変わりな、この飼いならし特有の「外見」は、進化生物学が抱えている難問のひとつに数えられる。

イエネコは必ずしもこのような外見をもっていないのがおもしろい。耳は垂れていない。尻尾も丸まっていない。対応する野生の種に比べて歯は小さくないし、顔は――実際、ほとんどの場合は体も――子どもっぽくは見えない。さらに言えば、成熟した野生のリビアヤマネコとほとんど同じように見える。

イエネコにも変わった色があって、腹の部分が白い、顔に白斑があるなど、さまざまな変わった模様が見られる。だがこれらの飾りは、どうやらとても新しいものらしい。たとえば、イエネコの被毛の変化がはじまったのは一〇〇〇年ほど前からにすぎないという証拠が見つかっている。それまではすべてのネコが同じ色だったようだ。たとえば古代エジプトの副葬品の浮彫《レリーフ》にぶちネコは見られず、その時点でネコはすでに何千年も人間といっしょに暮らしていたにもかかわらず、ペットのネコはすべて野生のリビアヤマネコと同じ茶色のトラネコだった。ドリスコルによれば、毛色が変化した最初の証拠は、紀元六〇〇年ごろの医学について書いた人の文に見られるという。

現代のイエネコは新しい毛色を誇らしげに身につけているだけでなく、ほかのいくつかの点でも飼いならしの型にはまるようになった。たとえば一部は野生の種より繁殖サイクルが短くなり、一年を通して子を生むことができるので、飼いならしによって可能になる繁殖者の大成功にひと役買っている。さらに、飼いならされた動物の体形のうちで最も重大な典型的特徴もあらわれている——イエネコの脳は縮み、リビアヤマネコに比べて三分の一ほど小さくなった。

この統計を知ったとき、私は飼っているネコたちのちょっと頭の悪そうなところを思い出したりしたが、脳の縮小はシチメンチョウからラマにいたる飼いならされた動物にとって、ごく標準的なものだ。その動物たちが愚かというわけではなく、むしろ人間の集落で生き残るために必要な特徴になっている。通常、縮小するのは前脳の部分で、ここには知覚と恐怖をつかさどる辺縁系の扁桃体がある。戦うか逃げるかの反応を減らせば、動物はストレスのある暮らしに適合しやすくなり、それは人に飼われる存在にとっては最も重要なポイントだ。イエネコは主に恐怖反応を減らすことによって厚かましくなっており――生後二か月までのあいだに人間との触れ合いを十分に経験できれば――現代の飼い主が好むような従順で実に人なつこい行動をとることができる。

だがこの場合も、人間が実際にその過程を進めたわけではないので、ネコの脳が小さくなるには長い年月がかかった。わずか数千年前のエジプトのネコのミイラを分析しても、まだ野生の親戚と同じ大きさの脳をもっていた。

科学者たちは今、家畜化症候群は神経堤細胞〔多様な細胞・組織へと分化する細胞群〕のわずかな欠損や機能低下で生じる可能性があると考えている。神経堤細胞は動物の前脳の大きさを決めるのにも役立つ。興味深いことに、神経堤細胞は胎児の発達中に体のさまざまな部分に移動するとき、頭部形態、軟骨形成、毛色などの驚くほどたくさんの要因にも影響を与える。ウシからコイまでのさまざまな種で、前脳が縮んで驚愕反応が減った従順な動物を好んだ人間は、そうした欠損のある神経堤細胞とそれに伴う多種多様な結果を、知らず知らずのうちに選択してきたのかもしれない。この細胞のちょっとした欠損の結果に、奇妙な色や垂れた耳、曲がった尻尾が含まれていた。

イエネコでは家畜化症候群の重要な特徴の一部が見られるものの、全部があらわれているわけではないという事実は、おそらくネコの神経堤細胞がまだ欠落の途上にあり、ネコの飼いならしの過程はまだまだ進行中であることを意味しているのだろう。ワシントン大学の遺伝学者らがイエネコのゲノムを解析してリビアヤマネコのゲノムと比較した最近の研究で、変化したわずかな領域のなかに、たしかに神経堤細胞に関係する遺伝子が含まれていたことがわかっている。いつの日か、垂れ耳やクルクル巻いた尻尾をもつネコを見ることになるのだろうが、残念ながらしばらく先のことだ。

イエネコと野生の親戚とを区別できる、かなりはっきりした違いが、ほかにもいくつかある。ペットの足のほうが少しだけ短い。ペットのほうがわずかに甘い鳴き声を上げる。だが社会生活の面で変わった点はほんのわずかだ。多くのイエネコは今でもひとり暮らしを好むが、リビアヤマネコとは異なり、ライオンの群れのような家族単位の集団生活を送ることもできる。イエネコは関係のないネコといっしょの暮らしにも耐えられ（ただし飼い主が思うほどうまくはいかないことも多い）、ときにはそうした暮らしを楽しんでいるようにも見える。私の親が飼っていたバーミーズとシャムは、いっしょになって丸くなるのが大好きで、いつもフサフサした陰陽マークを作っていた。

そして、イエネコでは腸が長くなっていることも驚くにはあたらないだろう――超肉食動物が譲歩して、人間の集落で手に入るもっと多様な、消化しにくいタンパク源を食べるようになった結果だ。

こうして、最初の勇敢なネコ科動物が人間の共同体にわずかずつ、ゆっくりと入り込んできたあと――その速度は人間が飼いならしを取り仕切った場合よりもはるかに遅かっただろうが――何らかの野生ネコ科動物の子孫がさらに頻繁に、もっと大胆に集落を訪れるようになった。何世紀もの時を経てそれらの動物たちの脳がだんだんに縮小して、人間がまわりにいても暮らせるようになり、肉が混じった人間の残りものをたくさん食べられるように腸も変化していった。その過程で、可愛らしい白い斑点も少しだけ手に入れた。

ネコからすれば、それは並々ならぬ戦略だった。わずかにやり方を変えただけで、ほかの多くの点で飼いならしには不向きだったネコ科の種が、人間と協力する利点を手に入れることができたのだ。そして今日、羽毛のクッションや豊かな食糧庫を人間と共有する特権を得たペットのネコだけでなく、路地や荒野で暮らす野良ネコ、もっと悪くすれば人間に一度も触れたことはないが人間に近づくという遠い祖先の決心のおかげで力強く生きられている野良ネコたちにも、身についたこれらの利点があてはまる。

ただし、そのようなわずかな数の小さな変化を除けば、イエネコはヒゲを揺らして人間を受け入れることはほとんどなかった——当時も、たしかに今もだ。

そこでまた疑問が続く。私たちはなぜ、ネコを手元に置いたのだろうか？

第3章　ネコに魔法をかけられて

最も深い謎のひとつ

イエネコに関する最も深い謎のひとつとして、いったい何に時間を費やしているのかという点があげられる。イヌであれば、たとえ甘やかされ放題だとしても、先祖から受け継いだ何らかの仕事をしているのが普通だ。たとえば、見知らぬ人に吠えつく、何かをくわえて運ぶ、飼い主の隣で軽やかに走る、獲物を捕らえる機会をぼんやり探す、家畜やほかのものの番をする。ところがチートーの暮らしは朝から晩まで日光浴ばかりで、それを中断するのは、自動給餌器のタイマーがカリカリのご褒美を出してくれる直前に、ドライフードの皿に向かってダッシュするときだけのように見える。チートーの毎日の仕事は食べることと寝ること――それに二、三個のおもちゃを（渋々もらって）いじること、気が向けば裏のテラスを散歩すること――以上だ。この動物は最近あまり私の役に立っていないと言っては、ばかばかしいほど控えめな表現になる。

チートーは、同じ仲間のなかでも特に怠けている例なのかもしれない。あるいは、ネコというものはフワフワの飾り物か、生きた贅沢品でしかないのかもしれない。それでもネコはあまりにも謎めいているから、私は何かを見逃しているに違いないと思う。何と言っても、この生きものはもう何千年も前から人間といっしょに暮らしてきたのだ。人間の世界に割り込むとすぐに、私たちが大目に見た理由を説明できるようなもっと高い目標、あるいは少なくとも何らかのはっきりした役割を見つけたに違いない。

九月のある朝、私はニューヨーク市にあるジェイコブ・ジャビッツ・コンベンション・センターで開催された「ミーツ・ザ・ブリーズ」の会場を訪ねた。毎年恒例のこのペットショーは「さまざまな種類の純血種ペットの紹介」を趣旨とし、ダンディ・ディンモント・テリアは自分に合ったペットか？　ターキッシュ・アンゴラとターキッシュ・バンはどう違うか？といった疑問に答えてくれる。だが、このショーはネコとイヌの基本的な違いを知る手引きでもあり、毎日のスケジュールはネコとイヌの天賦の才と役立つ点を完璧に抽出して見せてくれる。

ドッグショーの舞台では立て続けににぎやかな活動が繰り広げられる。警察犬は整った密集の隊列を組んだ作戦行動を披露し、税関と国境のパトロール犬はスーツケースから麻薬を探し出す。障碍者介助犬訓練センターのイヌたちは車椅子を先導する。有名なエスキモー犬のアトカが芸をして跳びまわり、シェットランド・シープドッグがコンガダンスの行列を見せる。

一方のキャットショーの舞台を見ると、ネコはほとんど何もしない。ゴロゴロ喉を鳴らし、めかし込んで、ただ空中をじっと見つめているだけだ。ポーカーフェイスのネコたちは、司会者が自分を頭の上にかかげながら可愛らしさを見せびらかし、ネコのトリビアや、「私のネコは何色？」のような答えを引き出すのにもっと時間のかかる質問（ショーのスケジュールではこの熱い公開討論に三〇分以上の時間を割く予定になっている）で観客参加型のクイズを繰り広げているあいだ、なすがままにされている。大勢のファンたちが映画『ウィズ』の「アイム・ア・ミーン・オウル・ライオン」を歌うあいだも、じっと待つ。

結局のところ、ネコが社会のどんな役に立っているのかを示すのは難しい。ネコは即席爆発装置を見つけることも、溺れかかった人を助けることも、目の見えない人を導くこともない。それならなぜ、この地球上にイヌよりずっと多くのネコが歩きまわるようになっているのだろう。なぜ、アメリカの家庭で飼われているネコはイヌより約一二〇〇万匹も多いのだろう。

私たちがイヌとの親交を深めてきた理由は明らかだ。人間はほかのどんな動物を飼いならすより何千年も——もしかしたら一万年から一万五〇〇〇年も——前にイヌと仲良くしはじめたらしく、イヌの物語は他に類を見ない。そのころ人間はまだ狩猟採集社会で暮らし、作家のラドヤード・キップリングが「最初の友」と呼んだイヌは、私たちが彼らの暮らしを変えたのと同じくらい人間の暮らしを大きく変えてしまった。私たちの仲間に加わると間もなく、イヌは吠えて危険を知らせ、ものを運び、狩りに突進した。やがて農耕社会になって定住するようになると、イヌもおとなしくそれに従い、人間の生活様式に沿って進化してきた。そして頑固なネコ科動物の体では、基本構造にわずかな、ほとんど目に見えない変化をきたすのにも数千年の時が必要だったのに対し、イヌは人間の指示に従って徹底的に変わり、人間の数多くの努力に手を貸すのに都合のよい無数の体形と気性とを生み出してきた。グレイハウンドのような狩猟犬の血統はエジプト時代にまでさかのぼる。ローマ人は盲導犬、牧羊犬、マスチフのような軍用犬、貴婦人が袖のなかに隠し持つ小型の愛玩犬（後の時代には湯たんぽの代わりに使われたらしい）を飼ったようだ。古きチューダー朝時代に生み出された犬種の名前――スティーラー、セッター、ファインダー、コンフォーター、ターンスピット、ダンサー――は、実にさまざまな目的をあらわしている。

最近では、イヌに防弾チョッキを着せて戦闘地域にパラシュートで降下させてもいる。イヌは乱射事件の犠牲者を慰め、オサマ・ビン・ラディンの身柄確保を手伝い、科学的な調査で稀少動物の糞を見つけ、南北戦争の兵士が死んだ場所を探し、学習障害をもつ子どもを助ける。「イヌは初期の腫瘍を検知して、さまざまな癌のタイプと悪性度を見分けることができ、ときにはそれを飼い主の息のにおいを嗅ぐだけでやってのける」と、デヴィッド・グリムは動物の権利運動に関する著書『市民としてのイヌ（*Citizen Canine*）』で書いている。「イヌはさらに、公共水道水に含まれる大腸菌や病棟にある『スーパー細菌』のような危険な細菌も嗅ぎ分けられる」

それならネコは？　グリムは、「ネコのゴロゴロ声は人間の骨密度を高めて筋肉の消耗を防ぐかもしれない――それは宇宙飛行士にとって深刻な問題だが、今のところ宇宙にネコを連れていくことを提唱した者はいない」と示唆し、このような潜在的な用途についての「逸話的な証拠」をあげている。

宇宙飛行士のゴロニャン・セラピーという考えに魅せられた私は、さっそく「ネコの活用」というファイルを作り、これまでの何世紀かにネコ科動物の実用的な用途を見つけようとした、すぐれた試みを集めはじめた。インドネシアの人たちは雨乞いのために、畑でネコのパレードを繰り広げた。一七世紀の日本の音楽家は、正方形をしたリュートのような三味線に張る皮にはネコの皮が完璧だと考えた（現代のビニールなどとは比べものにならないようだ）。中国ではネコの目の瞳孔の広がり方を時計代わりにして時刻を推定した——畏敬の念を抱いたフランス人宣教師のペール・エヴァリスト・ユクはこの「中国人の発見」を、「間違いなく時計業界の利益を損なうだろうから……少し躊躇するが」と断りながら、旅行記でヨーロッパの読者に紹介している。

ネコはまた、ヨーロッパの数種類の拷問でも重要な役割を果たしていた。中世の殺人犯の処刑では、最大限の苦しみを味わわせるために、一二匹のネコといっしょに袋に入れて火あぶりにすることがあった。また「キャット・ホーリング」と呼ばれた処罰では、罪を犯した者を寝かせ、その体の上にネコを置くと、尻尾をつかんで強引に引きずった。

ハイテクの時代になると、大勢の人の体にくっついて離れないネコの毛が、殺人事件の裁判で決定的なDNAの証拠として提出されたことが少なくとも一回はある。法律の裏側では、囚人がネコを麻薬の運び屋として利用してきた。ネコはさらに、人間の膀胱や補聴器に関する医学的な研究で被験者という厳しい役も引き受けているほか、シガテラ中毒という珍しい熱帯病の有無を知らせる重要な役割も果たしている。サンゴ礁に生息する魚は特定の藻類を食べたあとで毒をもつようになることがあるため、人々は超敏感な一匹のネコに、その日の収穫を一番に試食させている。ネコの肉そのものも、あまり美味しくはないらしいが、世界のどこかではまだ食べられている。ネコの皮が衣服に使われることはごく稀だが、ネコの抜けた毛を集めてフェルト手芸に利用する「ネコ毛フェルト」が、流行に敏感な人たちの注目の的になっている。

想像力に富んだ軍事指導者たちは、ときにはネコに戦闘の火ぶたを切らせたいと望んだが（一六世紀のドイツ語の砲撃マニュアルに、炎を上げるネコの包囲攻撃が、とりわけ鮮やかに図解されている）、構想が実現したことはほとんどなかった。一九六〇年代にはＣＩＡが「アコースティック・キティー作戦」を開始し、スパイ・ネコにマイクロフォン、無線送信器、アンテナを埋め込んで盗聴者に仕立て上げた。だがこの計画は第一回目の任務でつまずき、道半ばにして中止された。最初の偵察用ネコの忍び足があまりにも見事だったために、タクシーの運転手も気づかず、ハンドルを切るタイミングが遅れたらしい。

ネコの任務はこのように数あるなか、ただひとつ明白で、もてはやされている仕事がある――ネコは人間のためにネズミを殺してくれる。人によっては、テロリストを捕らえるより大事なことだと言うだろう。歴史家のドナルド・エンゲルスは著書『古代ギリシャ・ローマのネコ：神聖なるネコの栄枯盛衰（*Classical Cat: The Rise and Fall of the Sacred Cat*）』で、次のように書いている。「静かに、隠れた所で、たいていは夜間に、ネコと人類にとって最大の天敵であるネズミとの古代の戦いは大昔から続いていた……家畜化されたネコは西欧社会を守る防壁の役割を果たしており……納屋にネコがいるかいないかは数千年にわたり、多くの農家にとって餓死するか生き残れるかの違いを意味した」

このような害獣駆除は相互関係をあらわすサービスのひとつのように思え、ネコが世界中で特権的地位を得ている見返りに提供しているものかもしれない。ネズミ、なかでもネズミが運ぶ病気は、今でもまだ世界的な問題だ。野生の親戚の大半を死に追いやったものと同じ農業革命によって頂上に駆けのぼったネコが、人間の免疫系はもちろん、納屋とサイロの屈強な守護神になるという考えには、たしかに魅力的な調和の美を感じる。

でも、これは真実だろうか？　ネコはほんとうに害獣を寄せつけないのだろうか？　ずっとそうしてきたのだろうか？　真実を求め、私はネズミを専門とする科学者に尋ねることにした。

ネズミ退治には役立たない

私はまず、「ネコとネズミの相互関係」の分野を調べると同時に、悪臭漂うボルチモアの裏通りを歩きまわって、ジョンズ・ホプキンス大学公衆衛生大学院の「齧歯類生態学」プロジェクトについて記事を書いた。今も継続中のこの五〇年計画の研究のテーマになっているドブネズミ――アメリカをはじめ世界のほとんどの場所で多数を占める侵入性のネズミの種――は、不快な生きもので、ペストやハンタウイルス、レプトスピラ症、その他多くの深刻で発音の難しい名前の病気を媒介する。

一九八〇年代はじめ、ひとりの意欲的な若きホプキンス大大学院生が、それまでほとんど顧みられなかった疑問に取り組んだ。「ボルチモアで暮らすたくさんの野良ネコは、ここに住みついているネズミにどんな影響を与えてきたのだろうか？」

ある冬の日、私はその大学院生ジェイミー・チャイルズに、コネチカット州ニューヘイブンにある彼の部屋で会った。チャイルズは今ではイェール大学公衆衛生大学院で、上級研究員として活動している。天窓からは降りしきる雪が見え、チャイルズはヒョウ柄の長椅子に腰をかけている。ボルチモアで勉強して以降、伝染病学の研究のために世界各地を飛びまわってきたせいで、彼の部屋には哺乳動物の頭蓋骨がずらりと並び、そのうちのいくつかは人間のものだ。

昔やっていたネコとネズミの研究の話になると、チャイルズは長椅子から少しのあいだ姿を消し、黒い表紙の電話帳のようなものを手にして戻ってきた。博士論文の原本だった。そして写真のページを開いた。

写真はすべて白黒だ。おそらく夜に撮影したためだろうが、なんだか禁断の密会場面を盗み見るような、許されない雰囲気が漂っている――そしてある意味、その感じ方はまったく正しい。それらの写真は物陰にいるネコとネズミを写したもので、ネコもネズミもいっしょになってたむろしている場面なのだ。一枚の写真では、「西欧社会を守る防壁」が、一〇センチも離れていない場所でウロチョロしている「人類にとって最大の天敵」をあからさまに無視している。子ネコとおとなのネズミが、互いに触れられるほど近くにいる。

そんな衝撃的な場面は少しも珍しいものではなかったと、チャイルズは話す。ネコとネズミが取っ組み合いをする場面ですら、ほとんど見られなかった。「私はネコがネズミを殺すところを一度も見かけませんでした。あの環境では、ネコとネズミはまったく天敵なんかではなかったんです。両方で共通の資源を分け合っていますよ」。資源がたっぷりあるから競い合う必要さえない。その資源とはゴミのことだ。

チャイルズはボルチモアで、ネコはネズミがたくさんいる場所に出没することを突き止めた。私たちの文明化を守るために動物が献身的な働きをしたと予想できるのは、まさにそんな場所だろう。だが実は、ネコがネズミの近くをうろつくのは、そこならゴミが最も豊富にあるからだった。「ネズミが食べるものは、ネコだって食べますからね」と、チャイルズは言う。近代的な公衆衛生が行き届いている場所でも、ゴミはたくさん見つかる。チャイルズは三年間の研究で――ネズミの死骸から判断して――ネコがネズミを食べた事例はわずか数件で、それらはすべて小さい子ネズミであるという結論を得た。

ネコ科動物がゴミをあさると聞いても驚くにはあたらないだろう。ハラン・チェミなどの初期の集落でネコを最も引きつけたのはゴミだった。先史時代のネコのドッペルゲンガーとも言えるキツネは今でもまだ大量のゴミを食べていて、ある実験によれば、生ゴミを迅速に収集した地域ではキツネの生息数が急速に減ったのに対し、腐敗するまで残しておいた地域では生息数が増えた。はるかに簡単に手に入る残りものがあるのに、エネルギーを無駄にし、負傷の危険を冒してまで、ネズミを捕まえる動物がどこにいるだろうか？

ここではっきりさせておくが、イエネコは優秀なハンターで、たしかにネズミを捕まえる。ときには食べものとして、ときにはただの楽しみで捕まえるが、それはあらゆる種類の小動物を殺すのと同じ理由だ。ごく平均的なネコの飼い主でも、たまに首なしネズミがカーペットに置かれているとか、ネコのにおいがするだけで害獣を寄せつけないのに役立つ、などと証言できるだろう。私が前に飼っていたぶちネコのシルヴェスターは、ネズミをいじめることに節度を欠いた楽しみを見出しているように思えた。真夜中、ゴロゴロと喉を鳴らす声に続いて脅えたチューチューという鳴き声が台所から響いて目を覚ますと、私は隠れたままで縮みあがった。そして、動けなくなったかわいそうな犠牲者が床の上でもてあそばれないよう助けてやるべきか、サディスティックなネズミ捕りに最後まで仕事をさせてやるべきかと考えあぐね、一〇分以上も苦しい時間を過ごさねばならなかった。

ハラン・チェミや同様の初期の集落で、ネコがいくらかのネズミを食べたことはほぼ確実だろう。中国中央部で見つかった四〇〇〇年前のネコの痕跡を同位体分析したところ、雑穀を食べていたことが証明され、ネコは穀類を食べるネズミを食べていたことを示唆している（ただし、長い腸をもつようになったネコが、見つかった雑穀を直接食べた可能性もある）。現代のドブネズミは相手を威圧するような雰囲気をもつ動物で、たとえば中世ヨーロッパで圧倒的多数を占めて餌として扱いやすかったクマネズミなどより、はるかに大型になっている。二〇世紀になっても、害虫駆除会社が有害生物駆除の手段としてネコを貸し出していた。

だが問題は、ネコがときにはネズミを食べるかどうかではない――人間の文明化に違いをもたらすほど、大量に食べるかどうかだ。

継続中のボルチモア・プロジェクトを除けば、ネコが人間の食糧庫をどれだけうまく守るかという疑問に取り組んでいる研究はわずかしかない。そのひとつは一九一六年に実施された古いもので、マサチューセッツ州農業局が一連の農場調査の末に、ネコが巡回している多くの農場には多数のネズミがいて、活発にネズミを捕るネコは三分の一しかいないと結論づけた。一九四〇年には、戦争に備えて食糧貯蔵庫を守る責任を負ったイギリスの科学者が、オックスフォードシャーのいくつかの農場を調査し、ネコは実際にネズミが貯蔵庫に住みつくのを阻止できるが、それは既存のネズミの集団をまず人間が毒で一掃してからに限るという結果を得た。さらに、ネコがもっと楽しい猟場に向かってしまうのを避けるためには、一匹あたり毎日半パイントの牛乳を与える必要があるとも指摘した（戦時の食糧を守るためにしては、ずいぶんたくさんの量が必要だ）。そして最近のカリフォルニア州の調査は、都市の公園にいるネコはハツカネズミのようなイエネズミより、ハタネズミのような野外に生息する種を好んで捕らえるとした。

実のところ、都市のネコが増えても、ハツカネズミの数もまた増えていることが同じ調査で明らかになっていて、それはハツカネズミがネコと共進化し、ネコの裏をかく方法を学習したためかもしれないと、報告書の著者は指摘している。これは重要な点で、ドブネズミやハツカネズミなどの繁殖しているイエネズミを、イエネコが日常的に脅かしている（次の章で見るように、ほかの多くの固有種の生きもののような）もっと脆弱な野生種と区別するのに役立つ。至る所にいるイエネズミは、それ自体が飼いならされたわけではないが人間のまわりで暮らすようになった動物のひとつで、自らの生態を人間の生活様式に合わせてきた。科学者はそうした粘り強い生きものを、片利共生生物と呼んでいる（都会生活への片利共生の適応として、たとえば年間を通した旺盛な繁殖周期があり、それによって膨大な数のネズミが産まれている）。

害獣駆除という面での欠点について言うなら、イエネコが弱いわけではなく、ネズミが強すぎるのだ。だが、ネコがネズミの数を完全に抑えることはできないにしても、あちこちの家庭で少しずつ減らし、ネズミが媒介するいくつかの病気から私たちを守ってくれているのではないだろうか？ 残念ながら、ネコがドブネズミの子どもしか殺さないというチャイルズの調査結果には、疫学的に大きな意味がある。弱々しい子ネズミは、病気を媒介する上で重要な役割を果たしていないからだ。丈夫な免疫系を備えて生き延びている体の大きい年長のネズミが、病気を運ぶ中心になる。

しかし、有害な街のネズミがもっと美味しいクマネズミの一種だった、中世ヨーロッパではどうだろう？ 私たちはよく知られた本から（さまざまな動物愛護運動家からも）、クマネズミとその体についたノミによって媒介された中世の腺ペストでは、ネコが防御に役立ったと学んできた。カトリック教会がヨーロッパのネコを大量に殺したことで、すさまじい黒死病の蔓延に火をつけたという理論さえある。

話はこんな具合だ。一二三三年、ローマ教皇のグレゴリウス九世が大勅書『ラマの声』を出版し、黒ネコを装った悪魔と親しくする魔女の狂乱ぶりを描いた。この文書はカエルとカモも巻き込んでいたのだが、ネコだけに敵対心を抱く偏見がヨーロッパ全土に広がり、その後は無数のネコが標的とされて、悪魔の所業の疑いをかけられて処刑された。そしてその直後の世紀、ネズミが媒介するペストが猛威をふるって手をつけられないほどになり、数千万人もの犠牲者を出したのだった。

でも、教会が引き起こしたネコ不足がこの悲劇の原因だと主張するのは、ちょっとばかげている。第一に、魔女狩りでどれだけのネコが殺されたのかはわかっていないが、イエネコは（絶滅の危機にさらされていた大小の野生の親戚とは違って）信じられないほど順応性があって頑丈な生きものであり、捕まえにくいうえ――主に人間との連携のおかげで――おびただしい数がいて、ほとんどネズミと同じくらい速く増える。どれほどの数を鐘楼から投げ捨て、焚火に投げ入れようとも――それは宗教裁判による華やかだがあまり効率的とは言えない方法だった――広大なヨーロッパ全土で暮らしていたネコの数には、ほんの少し減ったくらいの影響しか与えなかっただろう。

第二に、ある程度は新たな考古学的証拠も加わり、ネズミノミは黒死病を拡大させる働きをしなかったかもしれないと、現在の科学者たちは考えている。さらに、この病気はネズミの生息数が少なかったスカンジナビアのような場所でも大流行しているので、少なくとも一部の地域では、実際にペストを伝染させたのは咳または人から人へと飛び移ったヒトノミではないかという考えが出はじめている。そうなるとネズミとネコはまったく計算から外れてしまう。

最後に、イエネコ自身がペスト菌の重大な宿主となる可能性がある。ネコが実際に病気にかかったクマネズミをいくらでも食べられたのなら、自分もペストに感染し、人間の村や家庭に持ち込んだのではないか。米国疾病予防管理センターのペスト専門家、ケニス・ゲイジによれば、この考えは現在では驚くほど一般的なシナリオになっているそうだ。彼はアメリカ西部の孤立した地域で今もなお起きているペストの流行を研究しており、人間のペスト患者のおよそ一〇パーセントは、イエネコから直接感染することがわかっている。このことは、イエネコが黒死病の原因だったと言っているわけではないものの、おそらく拡大を妨げることはなく、ときには助けたかもしれないことを示しているだろう。何と言っても、私たちが寄り添いたいと思うのはネズミではなくネコだ。

これについて、最後につけ加えたいことがひとつある。中世の魔女狩りでは、あらゆる種類の動物——カニ、ハリネズミ、チョウなども含まれる——が、悪魔のような悪さをするのではないかと疑われていた。ところが二〇〇を超えるイギリスの魔女裁判を対象にしたある分析では、「妖魔」として最も一般的に訴えられていたのはネコで、魔女のネコが村人を「ひどく苦しめて」その子どもたちを病気にしたと、多くの村人たちが証言していた。このような偏見を説明する理論はいくつかあり、たとえば、ネコは夜行性だから真夜中のサバト〔魔女や悪魔崇拝の集会〕に利用しやすかった、などと説明している。だがペンシルベニア大学の動物学者ジェームス・サーペルは、説得力のある医学的説明も加えた。ネコ・アレルギーだ。ネコのふけに対する呼吸器系の反応はとても一般的なもので、最大で現代人の四人にひとりが影響を受けており、体に大きな打撃を与えることがある。ネコといっしょにいるたくさんの人々が経験した恐ろしげな「興奮と消耗」を、魔術が引き出したと言ってもこじつけには思えなかっただろう。それで、ネコは邪悪な力をもつという評判が広まったのかもしれない。

ネコとネズミの科学に投じられる研究資金は、効果的な殺鼠剤が登場した一九六〇年代になって減少したようだ。そうした毒のほうがネコよりずっと効果的であることには、誰もが同意する。都会の肉食動物について書かれた最近の本の著者たちによれば、今のところ、「片利共生的な齧歯類の集団に対するネコの影響は、それらの種の繁殖能力と、ネコが簡単には近づけない下水道や建物の空洞部分に生息していることを考慮すれば、重大なものではないようだ」。

ジェイミー・チャイルズの人生はネコとネズミを離れ、異なる分野へと進んできた。今では、エボラ出血熱その他の破壊的な人間の病気の大流行に備えている。そして旅行中にネズミの騒ぎに直面すると――彼はたいていの人よりも頻繁に直面するわけで――イヌのラットテリアに手伝ってもらうことを勧めている。ラットテリアはネズミを激しく振って何匹でも続けて殺し、食事や日光浴のために中断することはない。

だが、多かれ少なかれ種のあいだの従来の見解の裏切りを意味する路地裏の出来事を目撃したと証言したにもかかわらず、チャイルズはやっぱり自分の研究地域から野良ネコを一匹拾ってきて飼っているのだった。

「白とグレーで、ブーツと呼んでいます」と、愛情のこもった笑顔で話す。「ほんとうに素晴らしい動物です」

魅惑的な緊張

ネコは実用を超越しているようだ。ネコを家畜化してもほとんど意味はないから、人間がそれを試みたことはありそうもない。そこでネコは自ら進んで飼われるようになったが、目に見えるようなサービスはほとんど提供してこなかった。人間を飢餓から救うこともなかったし、大陸のネコ不足が黒死病の触媒でもなかった。それでも――新石器時代の村人たちに大目に見てもらい、エジプトの人々に崇められ、二一世紀の現代人にはデジタルカメラで激写されて――ネコは時の試練に耐え、多くの人々は今、ネコといっしょにいることを楽しんでいると認める。ある意味、ネコは人間に魔法をかけたらしい。

人間の気まぐれと強い好みが、イエネコの成功の中心にある。「みんな、人間はいつでも目標に向かって行動していて、すべてのことを意図的にしていると思いがちです」と、動物の家畜化の研究者グレガー・ラーソンは私に言った。「でも、そんなのは嘘っぱちですよ。いつも経済的な目的とか、何かの理屈とかがあるわけじゃありません。神話や疑惑や近所の人に負けまいと見栄を張る気持ち、そういうものすべてが私たちを駆り立てます。文化と美的感覚――それに偶然の賜物なんです」

ひとつの、とても重要な偶然は、ネコと人間の共通の祖先がいたのはもう九二〇〇万年も前のことなのだが、ネコは不思議なほど人間に似ているという点だ。さらによいことに、ネコは人間の子どもに似ている。よく引き合いに出される「可愛いらしさ」は、ただの気まぐれや優しい気持ちの産物ではなく、科学者たちがもったいぶって研究する、とても特別で強力な身体的特徴なのだ。イエネコは、オーストリアの民俗学者コンラート・ローレンツが「ベビー・リリーサー」と呼ぶ、一連の魅力的な特徴に恵まれている。ベビー・リリーサーとは、私たちに人間の子どもを思い出させてホルモン分泌の連鎖反応を起こす、身体的特徴のことを言う。こうした特徴には、丸い顔、ぽっちゃりした頬、大きな額、丸い目、小さな鼻などがある。

私自身のペットについて胸に手を当ててよくよく考えてみると、私はどうやら見かけが大好きなようだ。私の義理の妹は、チートーをはじめて見たとき、「わあ、人間にそっくりの顔！」と言った。ほんとうに、よく似ている。

人間のまったく無力な新生児と同様、ほかの動物たちの「ベビー・リリーサー」も、人間のおとなに心地よい麻薬のような「オキシトシンの幸福感」をもたらし、一連の子育ての動作を引き起こす。そのなかには、赤ん坊を揺すってあやそうとするような、細やかな運動の協調も含まれる。だからペットを飼うと「親としての本能を誤って呼び起こされる」と言われてきた。あるいは進化生物学者のスティーヴン・ジェイ・グールドが言っているように、私たちは「進化によって得た人間の赤ん坊に対する反応に惑わされて、その反応をほかの動物の同じ特徴の集まり《セット》に移してしまう」。

もちろん、魅力的な動物はたくさんいて、なかでも動物の赤ちゃんは愛らしく、特に飼いならされた動物には幼児期の特徴がおとなになっても残る傾向がある。このような幼い見かけの一部は、素直な気性を残そうとした選択の成り行きである一方、私たちの好みも反映している。オオカミは長い顔と尖った鼻先のせいで可愛らしいという感じはしないが、多くのイヌの血統は可愛らしく、ベビー・リリーサーに弱い私たちの感情がイヌのパグ種のような動物を生み出すのに影響を与えたに違いない。実際、ポメラニアンのような変わったイヌのなかには、ネコに驚くほどよく似ているものがある。

だがイエネコは、おとなになったものも含め、そして原種である野生のリビアヤマネコでさえ、なんの手も加えずにただ自然のままで人間の子どもとよく似ている。その要因のひとつは大きさで、平均三・五キログラムほどという体重は、まさに新生児と同じくらいだ（私は新生児より扱いやすいネコを、赤ん坊を抱くように腕に抱いてゆらゆら揺らすことで知られている）。もうひとつの要因は音で、ネコのニャーという鳴き方は人間の赤ん坊の泣き声を思わせ、ネコが長い期間に人の泣き声をより正確にまねるように発声の調子を変えてきたと、いくつかの研究は指摘している。さらに顔の主な特徴も要因として数えられるが、それらは実際にはネコが獲物を仕留めるのに適した生体構造だ。丸顔で優しく見えるのは短くて強靭な顎のせいだし、鼻が小さくて上を向いているのは、イヌとは違ってにおいが狩りのための最も重大な要因ではないからだ。

だが、ほんとうの秘密は目にある。

縦長の瞳孔と超敏感な網膜をもったネコの目は、夜になると月のように光り、私たちの目とはあまり似ていない。ところが大切な部分で似ている。ひとつに、ネコの目はとても大きい。おとなのネコの目は人間の目と同じくらいの大きさで、子ネコの大きな目は顔が小さいせいでなお大きく見える。おそらく大きくて丸い目をした人間の子どもと潜在意識で関連づけているからだろうが、動物の目の大きさは商業的な魅力につながるようだ。世界自然保護基金（ＷＷＦ）のシンボルになっているパンダは、目のまわりの黒い模様のおかげで比較的小さい目が百倍大きく見え、動物保護の究極のイメージキャラクターになっている。それでもイエネコは、まったく絶滅の心配がないとは言え、たぶん寄付金集めの力ではパンダに一歩もひけをとらないだろう。

そしてネコの目が大きいことはもちろん、その配置はさらに幸運をもたらしていると言える。ウサギのようなほかの可愛い動物の目は顔の横についていて、広い視野を確保できるようになっており、イヌの目はネコよりも少し中心から外れた位置にある。だがネコは不意打ちの攻撃を得意とする捕食者だ。素早く動く餌動物に飛びかかるには、とりわけ夜には、距離を正確に測れなければならないため、肉食動物のなかで最もすぐれた両眼視力をもつように進化した。このような目の戦略を実現するには視野が重なり合う必要があるので、ネコの両眼は前を向いて、頭の前面の中心に位置している。

私たちの目も前を向いている。霊長類は不意打ち攻撃をする捕食者ではなく、おもに菜食主義で探しまわる生活をし、顔の中心にある目をまったく異なる目的で使用してきた。茂みを細かく調べて届く範囲にある熟れた果物を探すため、もっと最近の説では、まわりの人の顔の表情を読み取るためだ。ネコの目の位置は、その顔が人間の顔にとても似ている最大の要素になっている（もうひとつの夜行性の視覚捕食動物であるフクロウも、同じような顔の構成をしていて、おそらくそれが人々に、たとえばハゲワシよりも好かれている理由だと思う）。

つまり、ネコの特徴は可愛らしさが完璧に集まったものでありながら、かつて私たちの祖先を大量に殺していた動物そのままの見かけを維持している。ネコの顔は究極の捕食者の顔であり、子どもの顔でもあり、その組み合わせに魅惑的な緊張を保っているのだ。

とりわけ女性はそう感じるように思う。事実、オキシトシンの「ベビー・リリース」効果は、出産年齢の女性に対して特に大きな影響を及ぼすらしい。ペルシャネコ愛好家やレスキュー・グループなどの熱烈なネコ好き世界は女性が中心になっていることはよく知られているが、明らかに母性にかかわるというのは私にも予想外だった。キャットショーの上位入賞者たちのあいだでも、一ページ分にもなろうかという長い名前と血統をもつチャンピオンが、ただ「うちの子」と呼ばれている。「ロシア人の審査員が、うちの子を投げ出したのよ、信じられる？」といった具合だ。オーガニックミートのピューレーから高級ベビーカーまで、赤ちゃん用品の多くはネコ用にも同じものがあるし、大成功を収めているネコ用品のウェブサイト「ハウスパンサー」の創始者は子ども用品からスタートした。

新石器時代に中東で暮らしていた女性が、膝にネコをのせてあやしていたと言っているわけではない。このような母親としての衝動は、悠久の時を経てゆっくりと育まれてきた、複雑で、たいていは謎めいた歴史の、奇妙な果実なのだ。それでも、見たままの可愛らしさに、もって生まれた大胆さが結びついたことで、ほかの動物たちが寒さのなかで凍えていたときにネコがどうやって人間の家に入り込めたかの説明がつく。

人間にとって、偽物の赤ん坊——進化心理学者たちは「擬制的親子」という用語を使う——をもつ効果ははっきりしない。一部の学者たちは、毛皮のある子どもを相手に偽の育児をすれば、自分の子どもを育てる練習になり、配偶者になるかもしれない相手に子育ての技術があることを示せるから、人間は恩恵を被っていると指摘している。一方で、ネコは「社会寄生」しているとするほうが近く、私たちの育児の本能に寄生し、人間の子どもから時間や心遣いなどの資源を奪っていると指摘する学者もいる。

今のところは、進化した行動と自然の見た目のよさが組み合わさって、イエネコは私たちを微妙に支配しているようなところがあると言っておくだけで十分だろう。ネコが私たちの言いなりになったのと同じくらい、私たちもネコの言いなりになった。ネコは私たちの食べものを食べながら、お返しにできることはあまりなかった。それでもなお、店先ではるかに大きな場所を占領してしまった。

ネコたちは人間と親しくなろうとし、集落で楽を覚え、ゴミをあさり、ドブネズミを避けているとしても、人間といっしょにとどまる必要はない。何といっても、ネコはやはりネコだ。いつでも残された野生へと戻っていくことができる。もう中くらいのハンターではなく、今や人間が作った世界の頂点に立つ捕食者になっている。

第4章　エイリアンになったネコたち

生態系を乗っ取る

どこか近所のネコが家の前の芝生を歩いていたり、角をこっそり曲がっていったりするのを見かけると、その姿がチートーにそっくりで驚くことがよくある……でもすぐにそれが本物のチートーだと気づいて、背筋が凍る――裏のベランダを囲った柵の隙間に巨体を押し込んで何とかくぐり抜け、ただいま逃走中というわけだ。私はこれまで、大切なペットをあたりの危険地帯から守ろうと、いくつものアパートの裏庭やコンドミニアムのテラスを囲い込むのに実に多くの時間を費やしてきた。

それでもこの世界には、フェンスが大切なネコを外に出さないための手段ではなく、ネコを入れないための最後の砦として利用されている場所が、どんどん増えている。そうした地域では、ネコはペットではなく、生態系全体を荒らしまわって行く先々で弱い生きものを根こそぎにできる、悪魔のような侵入者とみなされている。

土砂降りの雨のなか、私はキーラーゴ島の最初のガソリンスタンドで最後の一本の傘を買い、クロコダイルレイク国立野生生物保護区に到着した。フロリダの森で絶滅の危機に瀕したネズミの亜種を探しまわるには、絶好の日よりとはいかないが、保護区のトレーラーにいる三人の男たちは土砂降りの雨など気にもとめていない。実際、保護区のマネージャーを務めるジェレミー・ディクソンはサングラスを手にしている。博士課程の大学院生マイク・コーヴは、朝のコーヒーのマグカップに大粒の雨がポチャポチャ落ちても平気な顔だ。ミシガン州の寒さを避けてフロリダまでやってきた七〇代のラルフ・デゲイナーは、モンスーンの吹き荒れるなか、朝四時から外まわりをしてネコの罠を調べており、彼の一日はまだはじまったばかりだ。

この断固とした楽観主義トリオが、キーラーゴ島のモリネズミと忘却とのあいだに立ちはだかるすべてなのだろう。後述するように、ウォルト・ディズニーとジェーン・グドール〔霊長類学者〕は、残された稀少なモリネズミをイエネコが貪り食うのを止めることはできなかったが、ここにいる三人の男たちは屈服しなかった。そして現在は、金で買える最高のネコよけフェンスがあればぜひ買いたいと思っている。

買ったばかりの傘を広げるとトラの縞模様があらわれたので、少したじろぎながら、私は雨をついて彼らのあとを追う。

このあたりに生息する東部のモリネズミは、キーラーゴモリネズミと呼ばれ（正式な文書ではKLWRというそっけない表記になっている）、大きくて心配そうな目をした小さくて可愛らしいシナモン色の生きものだ。ドブネズミをはじめとした、とりわけ適応性が高くてネコにも何とか対抗でき、ほとんどどんなところでも暮らせる害獣の種とは異なり、このモリネズミは土地の固有種で、「ハードウッド・ハンモック」と呼ばれるフロリダ独特の乾いた熱帯広葉樹林にこだわって生きている。KLWRはここで、たったひとつの情熱を追い続けている。それは枝を集めて巨大なビザンチン様式の巣を作ることで、カタツムリの殻やサインペンのキャップなど、さまざまな宝物で美しく飾ることも忘れない。

かつてキーラーゴ島全域でごく普通に見られたモリネズミも、今ではひと握りの公的な保護地域に残るのみとなり、その森を全部合わせても数千エーカーにしかならない。モリネズミの苦難がはじまったのは、キーラーゴ島の農民がパイナップルを植えるために熱帯広葉樹林を破壊した一八〇〇年代らしく、二〇世紀になると大規模な建設プロジェクトが以前はサンゴ礁だった島を大きく変え、事態はさらに悪化した。

その後、行楽客がネコを連れてきて、あとはほとんど説明の必要もない。

ネコを家から出さないで

保護区のマネージャーであるディクソンは、フロリダ北部生まれの生真面目な人物で、以前はウィチタマウンテンズ野生生物保護区で働いていた。その保護区では連邦の科学者たちが、激減していたバイソンを復活させている。ディクソンはクロコダイルレイクで、シャウスアゲハやストック島マイマイという絶滅の危機にさらされた人目につきにくい生きものを守っているが、ここにやってきた最大の目的はモリネズミの保護にひと役買うことだった。彼は着任するなりいくつかの手段を講じ、そのひとつとして、郡道九〇五号線沿いに「ネコを家から出さないでください」という光る看板を設置した。保護区の静まりかえった緑の木々に囲まれて、見る者を驚かせる指示だった。

デゲイナーはほっそりした体格をした白髪のボランティアで、傷ついた水鳥を遠くからでも見つけられる鋭い目の持ち主だ（空き時間を利用して、そういう鳥のリハビリに取り組むことがある）。学位こそもっていないが、重責を担っていたプール会社を退職して以来、ほとんど誰よりも長くモリネズミに手を貸してきた。保護区で一番の巧妙な罠をしかけることができ、何十匹ものネコを捕らえては、生きたままで地元の動物保護施設に届けている。

それでもまだ、イエネコのほうが勝っている。モリネズミにかろうじて残された生息場所の大半は今では立ち入り禁止になっているが、一九八〇年代にこの種が大急ぎで連邦の保護動物に指定されてからも生息数は急速に減少しており、ディクソンと彼のチームによれば、それは地元のネコが保護区の境界や絶滅危惧種保護法を守らないせいだ。モリネズミの数は今では一〇〇〇匹あたりを前後しているいると推定され、一時は数百匹しか残されていないのではないかと心配された時期もあった。包囲されたモリネズミはトレードマークの巣を作るのさえあきらめている。たくさんのイエネコがうろついているなかで大きな木の枝をゆっくり引きずるのは、自殺行為に思えたからだろう。

「モリネズミは恐怖に満ちた風景のなかで暮らしていました」と、コーヴは話す。大学院生のコーヴは以前、南米のジャガーとオセロットを調査したことがあり、上位捕食者を目撃して、それがどんなものかを知っている。

だが、イエネコはライオンやトラの近い親類でありながら、生態系の乗っ取りを得意とする扁形動物やクラゲなどの単純な生きものにも似ている。国際自然保護連合はイエネコを世界最悪の侵入生物種一〇〇のひとつに位置づけており、進出する藻類や軟体動物や低木など、脳をもたず目的もなく生きる生物種ばかりの不快なリストで異彩を放っている。その恐ろしげなリストに肉食動物はほとんど見られず、まして超肉食動物など論外だ。しかし、驚くべき順応性と繁殖能力、飼いならしによる変わった体形、そして人間との特別な関係によって、イエネコは手強いエイリアンになっている。そして、問題を起こしているのは野良ネコだけのふりをしたいのは山々だが、実際には私たちの可愛いペットも、汚れた野良と同じくらい疑わしい。

遠い祖先が肥沃な三日月地帯にあった人間の集落に入り込んでから一万年のあいだに、イエネコはまるでタンポポの綿毛のように散らばり、広がってきた。以前はあまり目立たない存在だったこのネコ科動物は、今では世界におよそ六億匹もいて、すでに一〇億に近づいたと考える科学者もいる。アメリカ国内だけでもペットのネコは一億ほどに達し、この数はここ四〇年間で三倍になったように見え、おそらくそれと同じ数の野良ネコがいると思われる（野良ネコは人目に触れないで過ごすのが驚くほど得意だ——私はワシントンDCに住んでいるが、近所にネコの集団が暮らしているのを知ったのは、子どもたちと路地裏サファリに出かけるようになってからだった）。

イエネコは、ヒースが生い茂るスコットランドの荒野からアフリカの熱帯雨林、オーストラリアの砂漠まで、想像できる限りのあらゆる生息環境に住み着いている。にぎやかな街にも、海軍のミサイル実験場にも、ルイジアナ州立大学のタイガー・スタジアムにも定住し、湿地でもブルックリンの雑貨屋でも同じように繁栄している。主要都市の中心部だけでなく、ヘリコプターがなければたどり着けない、住もうとする人もいない未開の地でも、堂々と所有権を主張してきた。

こうしたすべての場所で、彼らは生きているものならほとんど何でも食べる。ホシバナモグラ、アメリカグンカンドリ、タランチュラ、フクロオウム、キリギリス、淡水ザリガニ、ハバチの幼虫、テリムクドリモドキ、タヅナツメオワラビー、コウモリにシロオビネズミカンガルーにクジャクバトにコガネムシに小魚にノドアカハチドリにニワトリにヒガシシマバンディクートにカッショクペリカンのヒナ。動物園で飼われている（小型の）動物にまで忍び寄る。

ある一九世紀の記録は、赤茶色のイエネコが食べるものを「ビーフステーキとゴキブリ」と説明している。「ガとポーチドエッグ、カキとミミズ……その腹はノアの箱舟を現実のものにしているようだ」。そしてネコ科の動物たちはいつも人間の仲間を襲おうとしてきたのだから、イエネコが霊長類の一種であるキツネザルの仲間ホワイトシファカや、おそらくマダガスカルのほかのキツネザルも食べることが知られていても、驚くにはあたらない。

ネコは生きものの絶滅に力を貸すことがあり、島では特にその傾向が強くなる。スペインの研究は、世界中の島で姿を消しつつあるすべての脊椎動物のうちの一四パーセントでネコが一因となっていることを突き止めたが、その数字はきわめて控えめな見積もりだと著者らは述べている。オーストラリアの科学者たちは最近、大規模な「オーストラリアの哺乳動物のための行動計画」報告書を発表し、オーストラリアの絶滅種、絶滅危惧種、近危急種（準絶滅危惧種）に該当する一三八の哺乳動物のうち、八九種の運命にイエネコが関与していると指摘した。それらの多くはオーストラリアとニュージーランド固有の生きものだ。オーストラリアは哺乳動物の絶滅率が世界で最も、しかも飛びぬけて高く、科学者たちはオーストラリアでの哺乳動物の生き残りにとってイエネコが唯一最大の脅威であり、それは生息地の消失と地球温暖化よりも、はるかに切迫した問題だと宣言している（それに対してイエイヌは、コガタペンギンなどのオーストラリアの絶滅危惧種を守るために送り込まれている）。

報告書の著者は、「もしオーストラリアにおける生物多様性の維持を推進するために、ひとつだけ願いを選ばなければならないとするなら、ネコを効果的に駆除すること、実際には根絶することだ」と書いている。オーストラリアの環境大臣は即座に、世界中で人気を博しているペットに対して宣戦布告し、ネコは「暴力と死の津波」であると説明した。

なかでも愛鳥家は、イエネコの食欲に長いこと文句をつけてきた。二〇一三年には連邦の科学者が、アメリカのネコは――ペットと野良ネコを合わせて――一年に一四億から三七億羽の鳥を殺しており、鳥類の死に人間が関係する最大の原因であるとする報告書を発表している（同じくネコが殺している六九億から二〇七億匹の哺乳類、膨大な数の爬虫類と両生類は、言うまでもない）。その数か月後には、カナダ政府による調査も同様の厳しい結果を示した。

もちろん、この広い世界にあってイエネコは小型で人目につかないハンターであり、正確に何を食べているかを証明するのは難しい。だが野生動物リハビリテーションセンターの記録から、多少なりとも見当をつけることは可能だ。カリフォルニアのある施設は、何千羽という鳥類の患者のうち約四分の一でネコに襲われた傷が見つかったと報告していて、アメリカコガラからレンジャクやホイッパーウィルヨタカまで、実に多くの種が犠牲になっていた。餌動物は「生きたまま深手を負い、傷つき、足をもがれ、裂かれ、内臓をえぐられた」状態で見つかり、「その場では生き延びたとしても、たいていは敗血症で命を落としてしまう」と、獣医のデヴィッド・ジェサップは書いている。

最近では、イエネコに遠隔操縦カメラなどのデジタル機器を装着した研究が次々と実施されるようになり、新技術の利用によって特別に鮮明でむごたらしい画像が手に入っている。ジョージア大学が二〇一二年に実施した「キティーカム」調査では、いつも餌をたっぷりもらっている郊外のイエネコ（正式な呼び名は「補助を受けている捕食動物」）を五〇匹以上動員して撮影した揺れるビデオ画面から、ほぼ半数が現役のハンターであることが判明した。ただし獲物を家に持ち帰ることはほとんどなく、たいていは飼い主には見えない殺戮現場に、食べることもなく置き去りにする。またオーストラリアの科学者たちは、眠りから覚めたネコが固有種のトカゲを捕らえる瞬間を、赤外線カメラで撮影することに成功した。カメラはネコの顎の下に取りつけられており、その顎がゆっくりと噛む動きをするにつれ、まるでスパゲッティが吸い込まれていくかのように、トカゲの細い尻尾が少しずつ消えていく。さらにハワイの研究者は、ネコがハワイシロハラミズナギドリのフワフワしたヒナを巣から引きずり出すところを撮影し、イエネコが絶滅危惧種を捕食している強力な証拠を手にした。

ディズニーの繁殖計画

キーラーゴモリネズミを守る人々も、同じような決定的瞬間の写真を手に入れようと必死になっている。これまでのところでは、光る目をしたネコが絶滅の危機に瀕したモリネズミの巣を前足でいじくりまわしている夜間の静止画と、近所のペットが死んだモリネズミを口にくわえて運んでいると思われる（彼らがそう思っている）ぼやけた写真がある。だが、ネコがモリネズミを明らかに殺している画像はまだない。そのような場面を撮ることができれば、一種の目撃証言と言えるだけでなく、法的な武器にもなる。保護区で働く人々はモリネズミを食べるネコの飼い主を、絶滅危惧種保護法に沿って起訴できるようになることを願っている。

キーラーゴ島に残る熱帯広葉樹林の湿った林冠の下を進んで行くと、枯葉と枝を寄せ集めて細長く積み上げたものに出会った。浅い墓のようにも見えるが、実際はそれとは正反対の救命ボートだ。迫害されたモリネズミが巣作りをやめてしまうと、デゲイナーと彼の高齢の兄クレイは代わりに巣を作ってやることに決めたのだ。最初の貯蔵庫のようなモデルには、フロリダキーズ諸島なら簡単に手に入る古いジェットスキーを利用し、デゲイナー兄弟はそれを土台にして手の込んだカモフラージュを施すと、モリネズミがいつも餌をとる場所の近くに逆さまに置いた。このとき私が見つけた偽の巣にはハッチまでついていて、ディズニーの科学者たちがなかを覗き込むことができた。

そう、ディズニーの科学者だ。モリネズミの生息数の減少が限界を超えるのを恐れた米国魚類野生動物庁は、二〇〇五年にオーランドにあるディズニーのアニマルキングダムで働く生物学者やそのほかの「キャスト」と手を組み、モリネズミを育ててから野生に放す試みを開始していた（はじめは奇妙な協力関係だと思ったが、よく考えてみればディズニーの人気者はれっきとしたプロのネズミであり、最もよく知られたペットのネコたちは、シンデレラのルシファーからアリスのチェシャネコまで、どれも少しだけ悪党の雰囲気を漂わせている）。

アニマルキングダムにあるライオンキングをテーマにした生物保護施設、ラフィキのプラネットウォッチでは、ディズニーの科学者たちが長年にわたり、飼育下のモリネズミにたっぷりと愛情を注いでいた。彼らはネズミたちの住みかを携帯型のヒーターで暖め、扇風機で冷やして、キーラーゴ島に似た爽やかな気候を作り出した。そして餌にはロメインレタス、遊び道具には松ぼっくりを与えた。糞をする場所はワックスペーパーを敷いたトレーだ。念入りなメディカルチェックを受けたモリネズミたちは――自然環境ではたとえネコがいなくてもあまり長く生きられないが――まるでメトセラ〔旧約聖書に登場する超長寿の伝説的人物〕のように四歳にまで達した。

間もなく、ディズニーを訪れた客たちはモリネズミの暮らしを紹介する映像を見て、発情期独特の鳴き声を聞けるようになった。映画『レミーのおいしいレストラン』が公開されたときには子どもたちが招待され、背の高いコック帽をかぶってモリネズミの食事を用意した。ジェーン・グドールまで施設を訪れ、自分のウェブサイト「動物たちと彼らの世界への期待」でモリネズミを特集した。

そしてついに、キーラーゴモリネズミをキーラーゴ島に戻すときがやってきた。戻っていくネズミたちには無線遠隔測定器が組み込まれた首輪をつけ、自然の食べものを与え、一週間にわたって檻のなかの人工の巣で順応させた。

「実にうまく行きましたよ――ただし、それは外に出してやるまでの話」とディクソンは言う。デゲイナーは絶え間なくネコを罠にかけていたものの、「そのときまでにすっかり追い払うことはできませんでした。そんな予感はしていたんですがね。モリネズミを外に出したら、次の晩にはもう一巻の終わりでしたよ」。研究者たちがその体を見つけ出すと、大半は半分だけ食べられ、落葉の下に埋められていた。トラが獲物を捕らえる方法とまったく同じだ。

「どうやればネコを怖がるようにキーラーゴモリネズミを訓練できるでしょう?」と、ディズニーの生物学者アン・サベージは私に質問口調で話した。モリネズミの天敵は鳥とヘビで、残忍なネコ科動物は「彼らにとって遭遇するはずのない生きものなのです。キーラーゴモリネズミが巣の外に足を踏み出すことさえできずにいるなら、どんなふうに訓練しても関係ありませんがね」。

ディズニーの繁殖計画は二〇一二年に終了した。保護区では、人工の砦となる数百個もの巣を作ると同時に侵入したネコを捕獲する努力を倍加している。侵入してくるネコの一部は地元のペットと考えられ、残りは保護区の近くで暮らす野良ネコ集団に属しているのだろう。だがもちろん科学者にとって、これは単なる技術的な区別にすぎず、保護に熱心な生物学者たちはイエネコを「ペット」や「迷いネコ」や「野良ネコ」に分類などしない。戸外を歩きまわれるイエネコはすべて、彼らから見れば、同じように危険だからだ。

キーラーゴ島の雨はもうやんでいたが、広葉樹の梢からは雨だれが落ちてきて、ディクソンはまだサングラスをかけていない。そして目を細めながら、「私たちが望んでいることを教えましょうか。モリネズミが自分たちの力で、あのややこしい巣を作るようになってほしいんですよ。それに、ネコどもを私たちの保護区から一掃したい。私たちはここでひとつの絶滅危惧種を救おうとしているんです」と言った。

航海によって各地に広がる

ネコがどれだけ多くの生態系に爪を立てているかを理解するには、そもそもネコがどのようにしてその生態系に入り込んだかを知るのが役に立つ。

哺乳動物にとって新しい地域に分散していく際の最大の障害となるのは、川や海などの水だ。鳥たちは大洋を飛んで渡ることができるが、哺乳動物の場合は泳ぐか植物のいかだに乗る必要があり、できればその組み合わせが最もよく、さらに風変わりな状況で越えることもある。家畜化されたイヌがアメリカ大陸に入るには、主人といっしょに凍りついた陸橋を歩いて渡らなければならなかった。遠くの島の一部には、哺乳動物がついにたどり着かなかった。ニュージーランドには三種のコウモリを除いて固有の哺乳動物はなく、コウモリの場合は鳥類のやり方を真似たわけだ。大陸でも草食動物よりずっと少ない肉食性の捕食動物となると、島嶼部にはまったく存在しないことも多い。

ところがイエネコは、この水で守られるという法則の注目すべき例外になっている。ネコは水を嫌うと言われているが、常に逃げ道というものがあった。これは主に、ネコが完璧な船上の友として自らを売り込んできたからだ。まず第一に、評判のよいネズミ捕りの能力を備えている。そしておそらく船のような閉じられた空間は、居着いたネコがネズミ捕りをあてにされる数少ない状況だ。たしかに船のネコがネズミを殺したという記録があり、ときには腹をすかせた船乗りたちが自分の夕食のために獲物を取り上げていた。数匹のネコが急にいなくなったあと、ある一八世紀の航海者は、ネコは「我々の船のようにネズミに占領された船にとって、欠かせない存在だ」と嘆いた（もちろん、その船にいつもネズミがはびこっていたのなら、いなくなったネコたちは結局のところ、必要不可欠な存在だったわけではないだろう）。一部のネコは殺したネズミのほかに調理室でおいしいものも分けてもらえ、一九世紀には銃器室の用具係の口から、食べていたヒツジ肉を横取りしたネコの記述まである。

狩猟のすぐれた能力はさておき、乾燥していることが多い中東出身のこの動物は、外洋での暮らしに特に適していた――外洋を海の砂漠と呼ぶことも多いのだから、この偶然の一致は思ったほど奇妙なものではないのかもしれない。ネコはあまり多くの飲み水を必要とせず、まったく水を飲まなくても長く生き延びることができる。またビタミンCも要らないので、壊血病の心配がない。

それでも、古代の船乗りたちの動機が必ずしも、常に実用ばかりにこだわっていたとは限らないだろう。昔の海の男たちは、商人から海賊まで、甲板員から船長まで、たぶん今の私たちと同じ理由でネコを船に乗せたがった。ネコの可愛らしくて滑稽な仕草が、憂鬱な空気に愉快な息抜きを提供してくれたからだ。船乗りはマスケット銃の弾丸と麻紐でネコ用のおもちゃを考え出し、なかにはミニチュアのハンモックを作る者もいた。何世紀もの時を経て、ネコは船の文化の真髄をあらわす存在になったので、縁起を担ぐ経験豊かな船乗りの多くはネコが一緒でなければ乗船の誘いに応じなかった。ときにはネコのいない船は海事法で怠慢とみなされたこともあり、現代でも船舶用語はネコで溢れている――九尾のネコ鞭〔体罰のための鞭〕、キャッツポウ〔ねじ掛け結び〕、キャットウォーク〔空中作業足場〕などだ。

九五〇〇年前までに、ネコはキプロスまで航海したことが（古代の子ネコの墓から）わかっており、そこが最初の寄港地だったようだ。その千年後にはエジプトまで到達したが、エジプト人はネコの拡散をいささか失速させたようだ（航海に不慣れだっただけでなく、イエネコの持ち出しに関して厳しい法律まで設けていた）。地中海の大半にネコを広げ、イタリアとスペインに上陸させたのは、海上交易で栄えたフェニキア人だった可能性が高い。古代ギリシャの人々も、遠くまで広がった植民都市にネコを住まわせ、バルカン半島と黒海沿岸に送り届けた。ギリシャの植民都市のひとつだった港町マッシリア（現在のマルセイユ）では、その地域の貨幣に徘徊するライオンが描かれたことがあるが、それはこの都市をヨーロッパ征服の集結地として利用したイエネコの姿だった。ネコはローヌ川をさかのぼり、のちにセーヌ河をヒッチハイクして移動した。都合のよいとき船に飛び乗ったとみえる。

ギリシャ人の後を継いだローマ人は、頑固なイヌ派だった。それでもネコは帝国軍団のヨーロッパ進軍にうまく乗じたらしく、ネコの骨はドナウ川沿いの地域に点在している。イエネコは、ローマ人が遠い道のりを経てようやく到達するより先にイギリスを征服しており、鉄器時代に蛮族の首領が支配する丘砦に潜んでいた。そのさらに何世紀も前に、錫《すず》を取引するフェニキア人の船によって持ち込まれたのだろう。ネコが中央ヨーロッパに広がったのは、イエスキリスト生誕の時代だったと思われる。

そしてネコが成功するのにシーザーの寵愛を必要としなかったのと同じく、人々の慈悲も必要としなかった。中世カトリック教会が主張した魔女狩りにまつわる嫌疑など、ネコに関してはしゃっくり程度のものだった——もっと正確に言えば、ネコがよく吐き出す毛玉みたいなものと言えるかもしれない。たとえどんなネコの取り調べが行なわれたにせよ、多くの修道士や修道女はペットを手放さず、ローマ教皇の勅書は嫌われた。エクセター大聖堂は一三〇五年から一四六七年まで経費としてネコの餌を記載し、ネコ用のドアも用意していた。

そしてもちろん、いわゆる異教徒にも、ネコにはたくさんの友がいた。預言者ムハンマドは大のネコ好きだったので、北アフリカとスペインを制圧したイスラム軍は「汚れた」イヌを嫌い、ネコを熱愛した。グレゴリウス九世が大勅書『ラマの声』を出版したわずか数十年後には、裕福なカイロのスルタンが、世界初のネコのサンクチュアリと思われるものを定めている。ネコはバイキングにも愛された。ネコの遺伝学によれば、紀元一〇〇〇年ごろに赤毛の侵略者が黒海周辺で見つけた赤茶色のネコを気に入り、はるばるアイスランド、スコットランド、フェロー諸島という辺境の地まで運んだためか、現在これらの地域で暮らすチートーの仲間である赤茶色のネコの数は、並外れて多い。

ネコの虜《とりこ》になった先住民

だが、古代から現代までの、キリスト教もそれ以外も含めたあらゆる帝国のなかで、ネコの拡散を最も後押ししたのは歴史上最大の海洋国家だったイギリスではないだろうか。探検家のアーネスト・シャクルトンは、一九一四年に南極にまでネコを連れていった（やがてくる大きな苦難を見越して、そのネコ、ミセス・チッピーを用心深く船外の波間へと置き去ったのだが）。イギリス海軍が船にネコを乗せることを禁じたのは、一九七五年になってからだ。

アメリカ大陸までイエネコを運んだのもイギリスの船だった。飢餓に苦しんだ最古の植民地ジェームズタウンの入植者はネコを食糧にしたが、それでもかろうじて生き残り、西へと広がることになる。辺境地帯の駐屯地や、開拓期の西部の前哨地に落ち着いたのだ。さらに炭鉱労働者に連れられてカリフォルニアとアラスカにまで進出し、砂金と交換で取引きされた。例のごとく、新しくできた町の家々に入り込む迷惑なネズミを退治してほしいという願いからだった。それでも、ネコたちがその仕事をきちんとこなしていなかったことを示す、わずかなヒントがある。あるカンザス州の砦にいたネコは「まったくの役立たずだった」と、一八五〇年代に軍曹が不満をもらしている。「ネコたちはネズミを十分に退治しなかったから、ノミの被害を弱めることができなかった」。一部のネコはノミだらけの開拓地を見捨て、おいしい土着の生きもので溢れた草原に活路を見出していたようだ。

だが、保護の観点から最も批判されるのは、イギリスからやってきた開拓者が太平洋のあらゆる島々にネコをこっそり持ち込んで、オーストラリアでネコの占領を許す道を開いたことだろう。すでに一七七〇年の時点で、ジェームズ・クックの英海軍艦船エンデバー号が北クイーンズランドに寄港した際に、ひとりの観察者が「ネコを多少なりとも監督していると思うなど、まったくばかげている」と書いている。シドニーには現在、オーストラリアを一周した最初の船に乗っていたネコ、トリムの銅像がある。トリムの飼い主だったイギリス人のマシュー・フリンダースは、少しばかりネコに夢中すぎる航海日誌をつけており、トリムの陸上での向こう見ずな冒険を臆面もなく詳細にわたって記録した。「彼が科学のさまざまな分野で行なった観察は数多く、とても好奇心に溢れたもので、特に小型哺乳動物、鳥、トビウオの博物学に関心を寄せて、それらの味が大好きだった」

ネコがネズミを退治する技に自信をもっていたイギリス人たちは、植民地にできそうな遠くの島々に、思慮深くネコを置き去りにした。タヒチ島に残した二〇匹などの例がある。いくつかの集団はもっと偶然のもので、難破した船からネコが陸地に泳ぎ渡って生まれた。

最も興味深い航海日誌は、住民のいる島々でネコがどう受け入れられたかを描いたものだろう。どんな種類のネコも一度も目にしたことがなく、そんな生きものがいることを想像もしなかった先住民の人々が、生まれてはじめてネコというものに出会っている。

人間に対するネコの威力が、これほどはっきりわかる機会はほかにない。

「私たちのネコは……彼らに格別の驚きをもたらした」と、植民地の役人ジョン・ユニアッケが書いたのは、一八二三年、クイーンズランド沖に停泊した英海軍艦船マーメイド号に数人のアボリジニが乗船したあとだ。「彼らは……絶え間なくネコを撫で続け、岸にいる仲間に褒めてもらおうとして、高く掲げて見せていた」

サモアの人々には「ネコへの愛情が芽生えた」と、アメリカ人の探検家ティティアン・ピールは書いた。「そして島を訪れる捕鯨船から、あらゆる手段を使ってネコを手に入れた」。ハアパイ島では、先住民がクック船長のネコを二匹盗んだ。エロマンガ島では、先住民は香りのよいポリネシアの白檀の木材と探検家のネコを交換した。

予知能力をもつ一部の先住民はネコに恐怖を感じたが、ほとんどの人々が抱いたのは感嘆の念だったようだ。キリスト教の宣教師たちがやって来たときには、可愛らしい飼いネコが多くの改宗を導いたのは間違いない。一八四〇年代までに、オーストラリアの一部の先住民がポップ歌手のテイラー・スウィフト流にネコをバッグに入れて持ち運ぶ様子が見られるようになり、翌二〇世紀の末までには、アボリジニの人々がこの堂々とした侵入者を土着の動物とみなすようになった。

絶滅危惧種も標的に

もちろん、ネコにはほんとうのところ、人々の歓迎など必要なかった。どこに上陸しようと、うまく着地することができた。

この自立の姿勢は、ネコとイヌの違いをさらに際立たせる。放浪するイヌたちは今でも発展途上国の多くの都市で問題になっており、ときには侵略する捕食動物の行動を見せることがある——たとえば二〇〇六年には、一二頭の野犬が稀少なフィジーヒラタガエルの数を減らしていると考えられた。だが、人間の役に立つように、人間の仲間として生物学的に生まれ変わったイヌたちは、人間の力なしでは悲惨な時を過ごしていることがわかる。イヌはあまりにも遠くに野生を置き去りにしてきたように思えるのに対し、ネコはまだ両方の世界に足をのせたままだから、はるかに柔軟で、手強い侵入者になっているのだ。

そのひとつの理由として、野犬は母親として無力な点をあげることができる。路上で生まれた子イヌは死んでしまうことが多い。野良イヌの集団は、子イヌの誕生ではなく、新たな迷い犬を誘い込むことで維持されている。

それに対してイエネコは子煩悩な母親で、人間の手を借りても借りなくても、卓越した繁殖力をている。雌ネコは生後六か月で性的に成熟し、以後はトラというよりも、ウサギのように繁殖する――それは生態学的に大きな強みとなっており、体が小さいことと、異常なほど元気な繁殖サイクルによるものだ。事実、一部の野生ネズミの仲間（私たちの注目の的は、今のところキーラーゴモリネズミだ）より繁殖力が勝っている。ある計算によると、一組のネコは五年間で、すべての子が生き残るとして、三五万四二九四匹の子孫を残すことができる。実世界の例を見ると、暮らしにくいマリオン島（山の頂は一年中雪をかぶっているうえに火山が活動を続けており、ネコの楽園とは言い難い島）に五匹のネコが放たれ、二五年後に生き残った子孫は二〇〇〇匹を超えた。

そして、生まれて間もない子ネコでさえ、殺し方を心得ている。野犬は集団での狩りのような古いオオカミの習性を選ぶことはないように見え、ほとんどが残飯に頼って暮らす。ところがネコのほうは、簡単に手に入っておいしいゴミをあさるのは確かだが、ゴミがなくてもやっていけるし、人間社会を離れて自分で殺した動物だけで生きていくこともできる（いずれにせよ、ネコが好む食事は温かくて、しっとりしていて、まだピクピク動いているものだと言われている）。勤勉なネコの母親は子どもが生まれて二、三週間もすると、手に入れば生きた餌を目の前までもってきて、狩りの方法を教えはじめる。近くに母親がいないとしても、子ネコはあとをつけて飛びかかる方法を考え出す。エリザベス・マーシャルは著書『ネコたちの隠された生活』（草思社）で、「遊んでいる子ネコの行動は、狩りの行動以外の何ものでもない」と書いている。

イエネコは捕食動物として、神業としか思えないようなパワーの持ち主だ。紫外線を見ることができ、超音波を聞くことができ、三次元の空間を把握する不可思議な理解力のおかげて音の高さを判断するなどの多様な能力も備えている。そしてこれらの疑いようもないネコ科特有の才能に加え、親類にはほとんど見られない食べものの柔軟性もあわせ持つ。一部のヤマネコのように特定のチンチラやウサギだけを専門に食べるのではなく、イエネコが狩りをする動物は一〇〇〇種を超えている。この数には、生ゴミで見つかる風変わりな食べものを含めていない。

ネコのライフスタイルも同様にしなやかなものだ。自然界でのように単独でも生きられるし、集団でも暮らせる。数千エーカーにのぼる縄張りを支配することも、ワンルームのアパートに住むこともできるし、巨岩を次々に超えていくことも、車の往来を横切って進むこともできる。主として夜行性だが、餌の種類、気温、季節に合わせて日中の狩りを調整する。自らの生体構造さえ変えられる。ワイルドライフ・ソサエティの前会長で行動生態学者のマイケル・ハッチンスが、旅行したガラパゴス諸島について話してくれた。これらの島々には稀少で有名な野生生物が生息しているものの、真水が不足していることから、多くの陸生動物にとっては住みにくい場所になっている。ところがイエネコにとっては、そんなことはない。ガラパゴス諸島で繁殖している島外から持ち込まれたネコたちは、ハッチンスの言葉によれば「血と露」を飲んで生き延びているため、腎臓が著しく肥大しているそうだ。現在ではこれらの極度に適応して生き残りを果たしたネコたちが、絶滅の危機に瀕しているミズナギドリの一種や、ダーウィンの業績の象徴にもなっているフィンチの種のひとつまで捕食するようになった。

飼いネコのはるかに柔軟な側面として、私たち人間との関係をあげることができる。イエネコは、ほかの哺乳動物には、なかでも肉食動物には手の届かない、幅広い選択肢を手にしている。その理由はイエネコが人間にとって特別な立場にいるからだ。私たちは船のバラスト水や靴底で世界中を運んでまわることによって、知らないうちに侵入植物や侵入動物の移動を手助けしている場合が多い。ところがネコについては、はっきりわかって手を貸している。場違いなところに放すだけでなく、寛大に餌を与え、獣医師に注射をしてもらい、放っておけば幼いうちに死んでしまうかもしれない者を何十年も自分の家やポーチの下に住まわせる。

こうした有利な立場により、ハンターであるネコは自然の基本的な法則に逆らうことができるようになった。生態系では、通常、餌の量に見合っただけの捕食動物が生きられる――それ以上に増えれば、捕食動物が飢えて死ぬだけだ。ところがイエネコの生息数は、特に都市部の場合、餌の量ではなく人間の数を反映している。家庭で飼うペットとゴミに集まるたくさんの野良ネコの両方が、その数に含まれる。イギリスのブリストルでは、一平方キロメートルごとに三四八匹ほどのイエネコがいる計算だ。ローマやエルサレムなどの都市、また日本の一部では、一平方キロメートルあたり二〇〇〇匹という密度が記録されている。頂点に立つ捕食動物がこのように通常以上の数になれば、当然、餌になる在来種に重圧が加わる。場所によっては、ネコの数が実際に成鳥の数を上まわっていることさえある。ライオンの数がヌーの数より多い状況に、少し似ている。

不可解なのは、こうしたとんでもないネコの密集度が、人間や人間の使う缶切りがほとんど見えない場所でも生じている点だ。だがその原因はやはり私たちにあり、ネコを持ち込んだ数多くの辺境地域で意図的に別の餌動物（なかでもイエウサギ）を放ったり、船上のネズミを知らず知らずのうちに陸に逃がしたことがあげられる。こうした巧妙な人間の関与が――それはそれでイエネコと同じように印象的かつ有能であり――信じがたいようなレベルで新たな生態系と種族とを侵略している。ウサギやネズミの生息数は膨大な数のネコを維持でき、ネコはそれらの動物を思う存分食べても全体数を減らすことはないから、生き残りのために繊細で稀少な地域固有の動物に依存する必要はない。その代わりに固有種を相手に日和見的な狩りを楽しむ。絶滅危惧種に出会うたびに一匹ずつ、おやつや楽しみのために殺し、やがては絶滅に追い込むのだ。

この現象を、「過剰捕食《ハイパープレデーション》」と呼ぶ。

島固有種の無防備

かつてネコ科動物のいなかった何千もの島々に今ではネコが暮らすようになり、引き続いて遊覧航海や部族の移住、さらに（生態学者にとっては消すことのできない不名誉な）研究旅行により、同様の移入は依然として起きている。長期にわたって孤立してきた島は生物多様性の宝庫だ。土着の捕食動物がいないために、ネコはいとも簡単に食物連鎖の頂点に舞い降りることができ、餌となる動物には逃げ場がない。逃げることさえしないかもしれない。経験不足の島の動物たちは、ほとんどが捕食に対抗する戦略をもたず、恐怖心さえないことがあり、そうした状況は「島固有種の無防備（island tameness）」と呼ばれている。多かれ少なかれ攻撃しやすい獲物であり、多くの場合は文字通り、飛べない鳥だ。

南アフリカのダッセン島には一八〇〇年代後期にネコが持ち込まれ、アフリカクロミヤコドリ、オウカンゲリ、ホロホロチョウを捕食した。

メキシコのソコロ島では、一九五〇年代に駐留軍がネコを連れて来たあと、間もなくハトのひとつの種が姿を消した。

インド洋の西に浮かぶレユニオン島では、絶滅危惧種のユニオンシロハラミズナギドリをネコが殺している。グレナディーン諸島では近絶滅種のグレナディーンイロワケチビヤモリが、やはりネコに食べられている。サモア諸島では、最初はネコが地域の人々に熱烈に愛されるようになり、やがてオオハシバトを襲うようになった。カナリア諸島では、絶滅の恐れのある三種類の大型トカゲと一種類の鳥（カナリーノビタキ）がネコに追われている。グアム島では、ココ（グアム・レイル）と呼ばれる、絶滅の危険が非常に高い「ひそかに暮らす飛べない鳥」がネコの標的だ。米国魚類野生動物庁は、「捕食性のネコにより、グアム・レイルは現時点ではグアム島に生息していないと考えられる」と書いている。

フィージー、ケイマン諸島、英領ヴァージン諸島、フランス領ポリネシア、日本。このリストはまだまだ続き、それぞれの生態系にはそれぞれ異なる物語がある。亜南極圏に浮かぶケルゲレン島は、常に強風にさらされているために昆虫は住めないが——クック船長はここを「荒廃した島」と呼んだ——ケルゲレンキャベツが生育する。ケルゲレンキャベツはビタミンCが豊富で、壊血病を避けるのに役立つため、船乗りたちにとって長いあいだ必需品になっていた（この植物は「独特の味」がすると、船医助手をしていたジョセフ・フッカーは一八四〇年に書き、普通はキャベツを食べると感じる胸やけや「どんな不快な症状」もないと、こと細かに説明した。船の狭苦しい環境で暮らす者にとっては何ともうれしい発見だ）。だが間もなく、キャベツに食べ飽きた船乗りたちはウサギが欲しくなり、可愛いウサギを島に持ち込んだ。するとその数が爆発的に増えたので、一九五一年にフランスの調査基地にいた科学者たちが、解決策としてネコを数匹放すことにした。一九七〇年代までに、この数匹のネコは数千匹になり、一年間に推定で一二〇万羽の固有種の鳥を捕らえ、メグロシロハラミズナギドリやナンキョククジラドリを飽き飽きするほど食べすぎていた。

ハワイではまた別の、ネコによる惨事が進行中だ。一八六六年にはネコ好きで知られるマーク・トウェインが、ハワイ諸島の「ネコの集団、ネコの仲間、ネコの連隊、ネコの軍団、ネコの群衆」を観察して本に書いているが、一五〇〇年が過ぎてみると、今回ばかりは表現が控えめすぎたと非難されても文句は言えまい。ネコはマウナロア山の溶岩流の上で、標高三〇〇〇メートルを超える場所にまで住み着いているのだ。このアメリカ合衆国四九番目の州は、残念ながらあまり進取の気性に富んでいるとは言えない数種の鳥の住みか——ときには唯一の住みか——でもある。たとえばオナガミズナギドリは、七歳になってようやく産卵できるようになり、その後も一年に一個ずつしか卵を産まない。

絶滅危惧種のハワイシロハラミズナギドリが地上の巣穴から飛び立てるのは、生まれてから一五週間もあとだ。カウアイ島では、ハワイセグロミズナギドリが町の街灯と蛾のような関係をもっていて、街灯に引きつけられるが混乱もし、やがて急に疲れ果てて落下する。心優しい人たちは落ちた鳥を見つけたら救護所に届けるよう推奨されているものの、ネコは街灯の下で待ち受けることを学んだ。

ニュージーランドの場合、この島国に固有の唯一の哺乳動物であるコウモリをネコが食べる。一八〇〇年代の終わりごろにはスティーブンズ島のスティーブンイワサザイを、迷いネコのティブルズが絶滅に追い込んだと言われている――現在、科学者たちは複数のネコが原因ではないかと考えているが、そうした詳細がわかったところで、絶滅した鳥にとってはほとんど意味がない。ハイイロミズナギドリとキウイの激減もネコのせいだと言われている。一九七〇年代にはネコがカカポ（フクロウオウム）をわずかな生息数にまで追い詰め、この大型の飛べないオウムの数は今では一〇〇羽ほどになった。そんなことがなければ、これらの鳥の一部は最長九〇年ほどにおよぶ寿命を満喫できたかもしれないのだ。

ネコは島に住む鳥たちの朝のさえずりを消し去っただけでなく、鳴かないトゥアタラ（ムカシトカゲ）も食べ尽くした。この稀少なニュージーランド固有の爬虫類のルーツは、本島では恐竜時代の幕開けにまでさかのぼることができる。だが今ではイエネコのせいで、ニュージーランド本島からはすっかり姿を消してしまった。

「ネコの公務員」の裏切り

次に、オーストラリアを見てみよう。オーストラリアも、全体がたまたま大陸になっているだけで、ひとつの島には違いない。そのオーストラリアは数多くの無鉄砲な侵入者と戦っている——オオヒキガエル、ムクドリ、スベイモリ、アカギツネ、ラクダ、スイギュウ。だが、多くの人にとって最悪の無法者、オーストラリア野生動物管理委員会の委員長が「生態系にとっての悪の枢軸」と名づけたものの中心的存在は、イエネコだ。

オーストラリアにはおよそ三〇〇万匹のペットのネコと、一八〇〇万匹ほどの自由に歩きまわっているネコがいるから、この大陸では人間とネコの数がだいたい同じくらいになっている。オーストラリアの生態学者イアン・アボットは、ネコによる侵略が一七八八年から一八九〇年までのあいだにどのように展開したかについて、さまざまな情報をつなぎ合わせてみた。一七八八年は、ネコが沿岸地域に何度か持ち込まれたあとでオーストラリア大陸にはっきりと上陸した年であり、一八九〇年までには大陸の隅々までが占領された。奨学金を得たかなり大規模な研究のなかで、アボットは植民地の日誌からネコに関する記述を丹念に調べ上げ、それまでの歴史学者がほとんど注目しなかったキーワードを探していった。一八〇〇年代初頭のネコに関する記述の大半は付随的なもので、ネコが家畜のカタログに記載され、オーストラリア固有の有袋類スミトプシスを家のなかまで運び、また「賭けで〔入植者に〕食べられる」などの事実がわかった。ところが一八八〇年代までには、奥地からの報告がいささか不安を呼び起こす内容に変わっている。たとえば、見知らぬネコたちが思いもかけない場所で物陰から飛び出してきて、キャンプファイヤーのそばで森を切り開く人たちの仲間に加わった。一八八八年には、ネコが「国じゅうに広がり、アロイシアス山という遠い場所でも数多く見かけた」という観察記録がある。一九〇八年になると別の探検家が、「おびただしい数のネコの足跡が、あらゆる方向についていているのが見つかった」と書いている。

ネコは鉱山労働者や畜産業者のあとに従って内陸に進み、人間とその家畜が我慢の限界に達したあとも、さらに先へと進んで行った。ただし、イエネコが荒野の最奥に達するまでに数十年もの歳月が流れている。ネコの途方もない侵略能力を考えると、なぜそんなに長い時間がかかったのか、アボットは疑問に思った。今ではその理由を、ほかの島々とは違い、オーストラリアにはネコを食べることができる手強い固有の捕食動物が何種類かいたからだと考えている。オオフクロネコや、オナガイヌワシなどだ。ネコがすさまじい勢いで増えたのは、これらの肉食の競争相手が人間に撃たれるか、飢えるか、何らかの方法で排除されてからだった。

また、イギリス人の血が騒いだのか、オーストラリアの人々は故意にもっと多くのネコを導入し続けた。果物を鳥から守るために、真珠採取船が海鳥のねぐらにならないようにとネコを派遣したが、最も多かったのは侵入するウサギを退治するためだった。ウサギは食用の域を大きく飛び超え、入植者の作物を荒らすのはもちろんのこと、自生の植物にも大打撃を与えていたからだ。一八八四年に制定されたウサギ抑制法で、オーストラリアの政府は正式にネコと同盟を結ぶことになり、突如としてネコを殺すことは罪になった。政府はパルー川に近いトンゴ牧場で四〇〇匹のネコを放し、アデレードから連れて来た二〇〇匹のネコをラギッド山周辺に「解放」した。さらにニューサウスウェールズ西部にネコを運ぶとともに、パースでネコを購入してユークラに移入した。

これらネコの公務員のために、いくつかの場所に小さな家が建設され、その遺産はヴィクトリアのキャットハウス・マウンテンのような地名に残されている。だが、そもそも順応性抜群のネコたちのこと、自分の住む場所はきちんと自分で確保した。まさに「不思議の国」のごとく、ネコはウサギの穴の底で見つかるようになったのだ。撲滅することになっていたウサちゃんたちの巣穴を、ちゃっかり占領することを学んでいたわけだ。「ウサギは食料と……住みかを提供することによって、［ネコの］拡散を助けた」と、裏切られ、おそらく過剰な仕事を抱えることになった持続性・環境・水・人口・地域省が、忘備録に書き残している。結局のところ、ネコはウサギの撲滅に失敗しただけでなく、自分たちも土地固有の動物たちを、たらふく腹に詰め込むようになっていた。すでに一九二〇年代の時点で、ウサギの「災難」と戦っていた博物学者たちが、ネコのことも「災いのもと」だと言いはじめた。裏切り者のネコはもうひとつの環境上の脅威である山火事と共謀し、焼け跡に潜んで疲れ切った生きものたちを追い出そうとしているとさえ言われる。

大量の殺戮は今もまだ続いている。ネコの餌となる動物の多くは小型で、内気で、夜行性で、目立たない。フクロアリクイ、ピグミーロックワラビー、スワンプアンテキヌス、ネズミカンガルーといった動物たちだ。大型のコヤカケネズミ（Greater stick-nest）は、キーラーゴモリネズミと大差ないうなネズミの仲間で、かつては数百万キロメートルに及ぶ自然の生息域があったが、やがて広さ五十万キロメートルという狭い島ひとつだけに追いやられてしまった。その一因がイエネコだ。それでもまだ、小型の仲間であるコヤカケネズミ（Lesser stick-nest）の運命よりはましだと言える。彼らは、すでに地球上からすっかり姿を消してしまった。

オーストラリアの人々は、絶滅危惧種を沖合の島に大切にかくまい、ネコから守ろうとしてきた。「電気ショックに耐え、穴を掘り、直立の面を登り、少なくとも一・八メートルはジャンプできる」という、目の覚めるようなネコの能力を予想したらしく、周囲にはハイテクのネコよけフェンスを立てている。わずかに生き残ったタンネイクマネズミの住みかになっているウォンガララ野生生物保護区のような場所では、こうしたネコよけの囲いの周辺を、保護活動家がイヌを連れ照明をもってパトロールしている。

だが、（すでに絶滅した）ロングテイルホップマウスの結末は、誰もが知る通りだ。

絶滅の危機にさらされたオーストラリアの哺乳動物のひとつに、ミミナガバンディクートがいる。ネズミとウサギを合わせたような灰色のおとなしい有袋類で、ぎこちなく動き、かなり長い鼻をもち、しかも実に可愛らしい。とても近い親戚のチビミミナガバンディクートは、オーストラリア野生動物管理委員会のシンボルマークに使われ、世界自然保護基金（ＷＷＦ）のパンダそっくりの立場にある。悲しいことにチビミミナガバンディクートは一九六〇年代に絶滅し、その原因の一部はイエネコによる捕食だった。ミミナガバンディクートは何とか持ちこたえているものの、かつては大陸の七〇パーセントにも及んでいた生息環境は、すっかり破壊されてしまった。

ネコの餌にしては珍しく、ミミナガバンディクートにはファンクラブのような愛好家の集まりがあり、最近では銀紙に包んだミミナガバンディクート型のチョコレートでイースターを祝おうという動きがオーストラリア全土で盛り上がっている。嫌われている侵入種のウサギを模したイースターバニーのキャンディーから切り替えようという考えらしい。クイーンズランド州では何年か前に、「ビルビー（ミミナガバンディクートの現地名）救済基金」が数エーカーの生息場所を五〇万ドルの捕食動物よけフェンスで囲み、生き残っている貴重な数十匹を集めて、そのなかに放してやった。この珍しい有袋類は繁殖を開始して人々を喜ばせ、二〇一二年までに一〇〇匹以上の子どもたちが誕生した。少なくとも野生の生息数と比べれば、有り余るほどの数だ。

ところがミミナガバンディクート支援者の知らないところで、豪雨と水の氾濫が立派なフェンスを錆つかせ、穴をあけていた。その後、防御策が役に立たなくなっていた保護区を科学者たちが訪れると、見つかったのは二〇匹のネコだけで、ミミナガバンディクートの赤ちゃんは一匹もいなかった。

島化する大陸

オーストラリアをはじめとした国々の生態学者は、イエネコによる捕食だけに重点を置くと、この侵入種が生態系を変えていく連鎖的な効果を軽視することになると指摘する。いくつかの研究によれば、ネコがいるだけで鳥は脅えて繁殖行動をやめ、神経質になって子どもにうまく餌を与えられなくなることがあるという。フェニックス諸島のハリモモチュウシャクシギは、安全に換羽できるよう、ネコの縄張りを避けることを学習した。ネコの尿の微かなにおいがするだけで、ダマヤブワラビーは息遣いが荒くなる。

ライバルの捕食者も迫害を受けることになる。メリーランド州で行なわれた研究では、ネコがあまりにも多くのシマリスを殺してしまったために、同じ地域のタカは鳴き鳥の仲間を狩ることにしたが、鳥は捕まえるのがずっと難しかったために、タカのひなの生存率が下がった。ネコは、最後に生き残っているフロリダパンサーにネコ白血病を蔓延させる可能性が高く、また狂犬病の運び手にもなる。そしてネコは、シロイルカから家畜小屋のブタ、(もう野生には生息していない)ハワイガラスや人間まで、驚くほど広範囲にわたる動物たちにトキソプラズマ症という危険でときに命取りにもなる病気を感染させる。

異質なネコ科のスーパー捕食者が加わると、植物さえ危険にさらされることがある。バレアレス諸島では、ネコによる捕食によって種子食の土地固有のトカゲが急速に姿を消した。そのトカゲは、同じように数少ない土地固有の植物にとって、ただひとつの種子散布の手段になっていた。ハワイでは、危険にさらされた海鳥の糞が重要な肥料になっている。

イエネコによる捕食は大陸部ではそれほど研究が進んでおらず、その理由のひとつとしては、ネコと潜在的な餌の動物の数があまりにも多いために、研究課題として手に負えないほど大規模になる点があげられるだろう。二〇一三年にはスミソニアンをはじめとした政府系の科学者たちがアメリカにおける捕食のメタ分析を実施したが、そのあとには、連邦政府の土地から所有者のいないネコをすべて排除すべきであるという陳情書に多数の自然保護団体が署名するという事態が起きた。科学者たちは狭い研究対象区域から、推定によって広大な大陸全域にわたる結論を導いていた（その結論はすぐに大きな議論を呼んだ）。『ニューヨークタイムズ』紙によれば、その推定のせいで結論に「広い範囲とともに不確実性」が含まれることになったらしい。オハイオ州立大学の生物学者スタンリー・ガートは、大陸にいる別の重要な捕食動物——実際に従来の生息域を拡大しつつある大型肉食動物のコヨーテ——が、スミソニアンによる数字が示すより多くのネコを減らすのに役立っているかもしれないと、希望的な観点から話してくれた。だが、研究のデータを妥当だとみなしている保全生物学者は多い。

それと同時に、島の生態系で学んだ教訓はだんだんとアメリカ本土に当てはまるようになるかもしれず、それを一部の科学者は「島化」する過程だと言っている。たとえば、ほかよりも気温が高い、光が明るい、騒音が大きい、食料と水が豊富という特徴をもつ都市部は、標準から大きくはずれているにせよ、周辺の地域とは非常に異なる独特の生態系を形成している。

同様に、生息環境の断片化により、残された自然保護区域も島になっている。川と海ではなく、道路と分譲地によって遮断されてはいるが、そこで暮らす動物たちに与える影響は類似している。

多くの場合、二一世紀の大陸での暮らしに適応している野生動物は、太平洋を漂流しているのと同じようなものなのだ。

環境保護かネコへの愛か

多彩な絶滅危惧種の最後の生き残りを守れないでいる世界中の環境保護論者たちは、一部の地域で過激なネコ撲滅を試みている。人々はネコの隠れ家めがけ、目標を定めたウイルスや猛毒を撒き散らす。ネコに散弾を浴びせ、猟犬をしかける。その先頭に立っているのはオーストラリアだ。ペットのネコの爪を抜くのはオーストラリアでは違法とされているものの、政府はネコを殺す毒に関する先駆的研究に資金を提供してきた。そのなかにはエラディキャット〔Eradicat：根絶するという意味のeradicateとネコのcatをかけた名称〕と呼ばれる、毒入りカンガルーソーセージの開発も含まれている。オーストラリアの人々はキャットアサシンというネコを暗殺する道具も試験的に利用してきた。金属製のトンネルで、ネコを誘い込んでから毒薬を噴霧する仕掛けになっている。また科学者たちは、ネコを減らすためにタスマニアデビルを本土に送り込むことも考えてきた。問題は、生態系にネコがいったん定着すると、排除するのはほとんど不可能な点にある。ネコは生きた動物を好むせいで、毒入りの餌はほとんど役に立たない。さらに目を見張るほどの繁殖力によって、細菌戦を仕掛けても、たった二匹を見逃せば生息数はすぐ元に戻る。

とても小さい島でならネコを追放することは可能だが、それには一平方マイル〔約二・六平方キロメートル）あたり最大一〇万ドルという費用が必要だ。どんな過程をたどるのか、ひとつの例を見てみよう。一九七七年、無人のマリオン島に住みついていた数千匹にのぼるネコを駆除するために、南アフリカの科学者たちはネコに感染する致死性のネコ汎白血球減少症ウイルス（ネコパルボウイルス）を島に持ち込んだ。すると生息数はおよそ六一五匹に減ったが、まだ十分に少なくなったとするにはほど遠かった。そこでネコ撲滅の志をもった活動家たちは、さまざまな種類の罠、イヌを使う狩り、イヌを使わない狩り、毒殺、銃殺と、あの手この手を昼夜兼行で試した。一九八六年から一九九〇年まで、八チームのハンターたちが四八か月のあいだ配置につき、ツンドラを縦横に移動した。八七二匹のネコを撃ち殺し、八〇匹以上を罠にかけるのに、合計で一万四七二八時間を費やした。最後の一匹が一九九一年七月に殺されたが、念のためにあと二年間、一六人のハンターたちが島を歩きまわって監視を続けた。何かの侵入種についてなら、こんなのはやりすぎだと思うかもしれないが、ネコが相手ならそうは言えない。

同様に、カリフォルニア沖にある小さなサンニコラス島でのイエネコとの苦戦を強いられた末の勝利は、同島のミサイル実験場を監督する司令官によれば、米国海軍にとって「歴史的な偉業」だった。島固有のシカネズミと連邦政府によって保護されたヨルトカゲを捕食していたネコを駆除するために、何年もかけて練った計画、一八か月間にわたって仕掛けた罠、三〇〇〇万ドルの費用を要した。ネコを追跡する人たちは、アメリカ先住民の考古学的な遺跡を荒らさないように、また誤って海軍の軍需品を発射させることのない特殊な無線チャネルを使うように、細心の注意を求められた。その一方で、いくつもの戦闘を乗り越えてきたネコはゲリラ戦術をとり、イヌの追跡もコンピューターを用いた特注の罠も逃れ、「ネコ科動物を誘引する音声」つまりデジタル録音のニャーという鳴き声も無視した。ようやく仕事を終わらせたのは、ボブキャット狩りのプロのハンターだった。

これまでに一〇〇ほどの島からネコが駆除され、西インド諸島にあるロングケイ島にはタークスアンドカイコス・イワイグアナの、カリフォルニア湾のコロナドス島にはコロナドシロアシマウスの、新たな生息地が確保された。ネコの根絶はガラパゴス諸島でも進められている。そのほかにも数多くの近絶滅種が救出を待ち望んでおり、マルガリータ島カンガルーネズミ、アムステルダムアホウドリ、サンロレンツォマウスなどをあげることができる。同時に、こうした大規模な駆除作戦のおよそ二〇パーセントはまったくの失敗に終わっている。ニュージーランドのリトルバリア島では、一九六八年にネコ汎白血球減少症ウイルスが導入されてネコの数は一時八〇パーセントも減少したが、その後ネコたちはウイルスを撥ねのけ、一九七四年にはすっかり元の数に戻った。またときには、ネコの支配によって生態系が完全に破壊し尽くされ、ネコを駆除することが有害無益となることすらある。マッコーリー島では二〇〇〇年にネコの駆除に成功すると、その後急増したウサギが島の植物の四〇パーセントを貪り食う結果となり、そのために起きた地滑りがペンギンのコロニーを押しつぶしてしまった（その破壊の爪痕は宇宙からも見える）。

ネコ自身の目を見張る回復力もさることながら、ネコ根絶への最大の障害は、ネコを愛する人々だ。ときには、こうした努力に対して人々が冷静かつ自己本位に反発することがある。人が住む島でも大陸でも同様に、地元の住人は自分の食べるシカ肉が空中散布されたネコの毒薬で汚染されるのを嫌がるし、銃をもったネコ狩りの射手にあたりをうろついてほしいとは思わない。

だが大部分は、科学者たちが「社会的受容性」と呼ぶ、もっと微妙な問題になる。私の場合、常に慣れ親しみ、生まれたときから自分の暮らしに欠かせない存在として接してきたネコが侵入生物種とみなされているのを知ったとき、とても腹が立った。どうやらそれは私だけではないらしい。クロコダイルレイクの保護区で手にした政府発行のチラシには、「外来種のセイケイ（青鶏）」や「土地固有の種ではないサバンナアフリカオニネズミ」のようなフロリダに住む危険な外来生物についての説明はあったが、モリネズミを追い払っているイエネコについてはひと言も書かれていなかった。おそらく大きな物議を醸すからだろう。

みんな、ただネコを殺してほしくないと思っているだけで、島という島に惨殺されたチートーの死体が転がっている様子を想像すれば、普通のネコの飼い主ならすぐに吐き気を催す——あるいは激怒する。実際のところ、世間の意見も活動家の傾向もまったく逆方向に向かおうとしている。群れをなすネコのほうが命の危険にさらされた生きもので、環境保護活動家による保護を必要としているというのだ。だから、カリフォルニアの海軍基地で心変わりして捕まったネコたちは、ガス室送りにも、銃殺にも、細工したカンガルーソーセージの刑にも処せられるべきではなく、本土のネコ保護区に送られる必要がある。

血を見ない方法でさえ抵抗にあうだろう。慈善活動家のガレス・モーガンは、母国ニュージーランドで屋外を自由に歩きまわっているイエネコを去勢や自然減を通してなくそうという「キャッツ・トゥー・ゴー」キャンペーンを立ち上げたが、「銃の擁護団体と争うような気分だ」と話す。「すべての動物にはこの世界に居場所があるが、この動物だけは守られすぎて、極限まで増加してしまった」

「どうして私たちは、一部の動物には大きな愛情を示して世話をするのに、そのほかの動物たちの幸福を無視するのでしょう」と、オーストラリアの生態学者ジョン・ウォイナースキーは、私への便りに書いている。ほとんどのオーストラリア人は、オーストラリア固有の動物の大半に「親近感」を感じていないから、「そういう動物がいなくなっても、それほど重大なことではないと思っているのです」。

ハワイ在住の保全生物学者クリストファー・レプチクは、私にこう話す。「私たちはすべての生きものを平等に扱うのが苦手です。私たちは自分の好きなものだけを、選り好みするんですよ」

そして私たちが好きなものは、ネコなのだ。

第5章 ネコから人間の脳へ感染する

ライオンに食べられたい

私は以前、ネコ科の餌になりかけたことがある。

二〇〇九年、タンザニアでの経験だ。私は有名なセレンゲティ・ライオン・プロジェクトの研究者たちといっしょにランドローバーに乗り込み、ガタゴトあちこちを移動してまわる雑誌の仕事で、楽しい一週間を過ごしていた。すべてを仕事らしくこなし、研究対象になっている動物たちの雄姿を見ても歓声をあげないようにと自制していたが、何回かは思わずため息が漏れた。それでも何とか、ライオンのヒゲの根元にある点を数えるときも、トラックのなかで安全に水場を見張るときも、たいていはじっと静かにしていた。

明日はもう帰るという日の夕方、私たちはランドローバーを離れ、草原のまんなかにある岩山に登った。日没前のサバンナの雄大な景色を満喫すると同時に、ライオンたちが何世紀も爪とぎに利用してきた灰色の古い木を調べたいと思ったからだ。

ところが小丘《カピ》のてっぺんに着くと、それよりはるかに豪華な光景が目に入った。大きな石のあいだにできた隙間に、二頭の小さなライオンの子どもがうずくまっていたのだ。親ライオンはいない。そうとは知らずにライオンたちのねぐらに——母親の留守中に——入り込んでしまったらしい。

さて、生物学の博士号などもっていなくても、ふだんから野生生物の記事を書いてなどいなくても、これは十分に安全な状況とは言えないことくらい察しがつく。サバンナで暮らすライオンは、科学者を見かけてもたいていは見下したような、うんざりした目つきでじっとしているのだが、母親ライオンと弱々しい子どもたちのあいだに割って入るのは重大な過ちになる可能性がある。怒り狂った母親が物陰から飛び出してくる前に、忍び足で、でも素早く、ランドローバーに戻るのが得策だっただろう。私たちの手に武器はなく、傘の一本もない——ライオンがつけあがった態度を見せると、科学者たちは傘を振り回して威嚇することがある。

それなのに私は、格別に急ぐこともないように感じていた。正体不明の高揚感に包まれ、よだれを垂らした雌ライオンが登場する可能性など、どうということもないように思えていた。だから、数メートル向こうにいる小さなライオンたちが私の肩越しに見えるよう、大きな石のあいだで写真に向かって入念にポーズをとった。科学者たちに、もうちょっとここにいさせてほしいとお願いした。それはほとんど、自分は食べられたいのだと言っているようなものだった。

ネコ科の動物たちは、長いこと催眠の力と結びつけられてきた。不思議なイエネコが西洋の魔女伝説や迷信に欠かせないのと同様、ライオンはアフリカのさまざまな伝統のシャーマンであり、ジャガーは変装したアマゾンの預言者だ。ネコ科動物はどういうわけか人間の理屈をねじまげてしまうらしい。ネコ科の動物たちが何千年ものあいだ、実にたくさんの人間を食べたり、そのほかにも人間を巧みに利用したりできたのは、私たちを魅了する魔法使いのようなやり方を心得ているからなのかもしれない。

あるいは、科学でそれを説明できる可能性もある。ネコ科の寄生生物として知られるトキソプラズマ原虫の話をはじめて読んだとき、私の頭にはすぐ、あのときのライオンに食われるかもしれなかった一度だけの経験の記憶がよみがえった。この謎めいた微生物はネコによって広まり、今では世界の人々の三人にひとりの脳に住み着いていると考えられている。六〇〇〇万人ほどのアメリカ人も、そこに含まれる。この生きものがネズミに寄生すると風変わりな行動が引き起こされるらしく、感染したネズミはネコに対する生まれつきの恐怖心を失い、ネコに「引きつけられる」様子さえ見せて、ネコの餌になる確率が高まる。一部の科学者は、この寄生生物が人間にも、それに似た奇妙な影響を与えると考えている——危険を冒そうとする気持ちを後押しし、事故死の確率を高め、精神障害にまで追いやるというのだ。

セレンゲティでとった自分の無謀な行動を思い出しながら、私は考えはじめた。私のねぐらでチートーを介して感染したネコの病気が、はるかに大きいネコ科動物のねぐらに、餌となるべく私を誘い込んだのだろうか？　私の脳にいる虫が、ほかには説明しようのない、長年にわたってネコに「引きつけられる」私の態度を説明しているのだろうか？　たとえば、私にはチートーの本格的な肖像画を描いてもらいたいという強い願望があるし、夜には横になっても眠れないまま、もしチートーが誘拐されたらいくら身代金を払うことになるのかと考える風変わりな癖がある。

あとでわかったことだが、そうした疑念を抱いているのは私ひとりではない。たくさんのネコ好きが、不作法で小柄な完全肉食動物に対して注いでいる盲目的な愛情についてじっくり考え、内心、自分はちょっと頭がおかしいのではないかと思ったりしている。そうしているうちに、毎晩のニュースや公共ラジオで、ネコが媒介する生きものの話が耳に入る。それはどこにでもいるが目に見えず、今では私たち大勢の人間の頭のなかに住んでいるらしい。見出しはまるでホラー映画で、イエネコは「マインドコントロール」までやっていると伝える。

トキソプラズマ――おそらく前代未聞の成功を手にした寄生生物――の世界的な蔓延は、人間とイエネコとのかかわりによって生まれた何よりも不思議な成果に違いない。だが、この寄生生物が人間の行動に影響を与えているという説は、本物の科学に基づいたものなのだろうか？　それとも、不可解なイエネコの力を合理的に説明しようとした試みの、最も新しい失敗にすぎないのだろうか？

そのような疑問を抱いている科学者はアメリカ全土に大勢いる――彼らの脳にはこの寄生生物が住んでいることが多いのだから、なおさらだ。

トキソプラズマの世界的権威

ワシントンDCの、いつも交通渋滞が絶えない中心部から少し外れたあたりで、アメリカ中西部「ハートランド」の一部をそのまま切り取ってきたような、数エーカーのトウモロコシ畑とサイロとウシを見ることができる。この趣に満ちた景色は米国農務省メリーランド研究センターの敷地に広がっており、私はそこにあるネコの寄生生物の世界的権威、J・P・デュベイの研究室を訪ねた。

デュベイは陽気な高齢の研究者で、かすかなインド訛りがある。彼がトキソプラズマの研究をはじめたのは一九六〇年代のことだ。当時、すでにこの寄生生物は研究者のあいだで広く知られ、人間に出生異常を引き起こすこともわかっていたが、どんなふうに伝染するかはまったく知られていなかった。デュベイは、ネコが媒介することをはじめて突き止めた国際科学者チームの一員だった。

トキソプラズマはどんな温血動物にも感染するが、繁殖できるのはネコ科の腸内に限られている。ラクダやスカンクからザトウクジラや人間に至る、トキソプラズマのすべての「中間宿主」は、ネコからネコに移るあいだの一時的な休憩所にすぎない。感染したネコの腸内だけがこの寄生生物の熱狂の場となり、繁殖によってトキソプラズマの新しいコピーが何十億も生まれ、ネコの糞を介して生態系にばらまかれる。

どんな種類のネコでもいい。トラからオセロットまで、あらゆる種のネコ科動物がこの単細胞生物の「終宿主」だ。だがイエネコの家畜化と世界的広がりが、トキソプラズマの目もくらむ拡大にとって重要だったらしい。今では地球上で最も広く分布した寄生生物となり、アマゾンから南極まで、あらゆる場所の鳥と哺乳動物に感染している。そして、その関連疾患として知られるトキソプラズマ症にかかっている人の数は、ネコを飼っている人の数よりはるかに多い。

およそ五〇年、デュベイは今でも、私たちの食物網におけるこの寄生生物の役割を探り続けている。トキソプラズマには主としてふたつの感染経路がある。無数のネコの糞に混じって広まる一方で、感染した中間宿主の肉を食べることでも広まるのだ。前者のほうがはるかに効率的で、一〇億の寄生生物がいれば、理屈の上では一〇億匹の新しい動物に感染できる。一方の肉食による感染では、一匹の餌動物から一匹の捕食者だけに病気がうつる（機関銃と銃剣の違いに似ている）。だがこれらが入り混じった複数の感染方法は、トキソプラズマの研究を非常に難しくしており、ましてや感染を食い止めるのは至難の業になっている。

「これはとっても賢い寄生生物なんですよ」と、デュベイは遠くを見るような目をして微笑む。彼自身も一九六九年から感染している。

脳に隠れ住む寄生生物は、ほとんどが破壊的な力をもっている。たとえば「脳を食べるアメーバ（フォーラーネグレリア）」はアメリカ南部の人々が泳ぐ水に潜み、毎年のように死者を出す。トキソプラズマも同じように恐ろしく感じられる。動物の脳と筋肉組織のなかに治療できないシスト（嚢子）を形成し、家畜に危害を与えるだけでなく、カラスからワラビーまで、野生動物の数多くの種の命を奪う。

トキソプラズマに対する治療法はなく、初期感染の症状が自然におさまったあと、私たちの脳や体のなかにはシストがずっと居座ることになる。だが健康な人間の成人の場合、非常にありふれたこの病気は無害であると、長いこと考えられてきた。感染の急性期にも、単核球症に似た軽い不快感を引き起こすくらいか、まったく無症状のこともあり、そのあとは休眠状態になる。これまでにわかっている最大の危険は、しっかりした免疫系をもたない発達中の人間の胎児に及ぼす影響だ。だから、妊娠中の女性はネコのトイレを避けるようにと注意を受ける。簡単な血液検査——私も間もなく検査を受ける予定にしている——によって感染しているかどうかわかるが、健康な人の大半は検査を受ける必要もない。

だが最近になって、害がないとされてきたこの寄生生物に科学者たちが疑いの目を向けるようになり、長期にわたる脳の感染が人間の神経系や行動を変化させることがないかどうかを調べている。デュベイはこれらの研究の結果を、ただ待っているわけではない。彼の目標は、この寄生生物の感染を今すぐ食い止めることだ。案内してくれた研究室にはたくさんの人がいて、私はスペイン、インド、ブラジルからの客員研究員に会うことができた。世界各国の感染率は気候と地域の文化によって異なり、たとえば特定の食習慣、なかでも生や生焼けの肉（特にポークとラム）への嗜好は、ほぼ確実にこの寄生生物の感染率を高める。その割合は南米、南欧、アフリカの一部で高く、人口の八〇パーセントが感染している国もある。アメリカ人の感染率は一〇パーセントから四〇パーセントのあいだくらいで、韓国が最も低くて七パーセントに満たない。

研究室内では近くのカウンターの上にミキサーが置かれていて、なかに入っているのはおいしそうなイチゴバナナのスムージーに見える。だがそれはグレナダから空輸されたニワトリの心臓をピンクのスープ状にしたもので、研究室ではこれに寄生生物が入っていないかを調べる。その先には、皮を剥がれたマウスが広がった状態で置かれている。トキソプラズマに感染したマウスで、すでに脳は取り除かれているとデュベイが説明してくれた。その脳を間もなく研究用のネコに食べさせる予定だと言う。すると数日後には、新たに感染した健康なネコが、何百万、何千万個という目に見えないほど小さくて卵に似たトキソプラズマのオーシスト〔原虫の生活環の一段階の呼び名〕を糞とともに排出するので、デュベイと彼のチームがそれらを集めて調べる。

「研究室のネコに会わせていただけませんか?」と、私はデュベイに尋ねてみる。

「お勧めできません」と、彼は答えた。「ネコたちには非常に厳しい安全対策を施しているんですよ。あなたは服を着替えなくてはなりませんしね。このオーシストという生命体は感染力がとても強く、まったくたくましい奴らです。殺すことは不可能です。漂白剤のクロロックスに浸しても、何も起こりはしません。問題なく生きていますよ」

研究室自体の取り決めも厳格なものだ。「ここにあるものはすべて焼却処分されます」と話すデュベイは、マウスの死骸、クチャクチャに丸まったペーパータオルを指さす。「ここから外に出されるもの、すべてです。すべて、焼却が必要です」

なぜ感染力が強いのか

一九三八年、ニューヨーク市にあった当時の乳児病院の病理学者が、生後三日目に痙攣性の発作を起こした新生児を診察したとき、検眼鏡を覗いて赤ちゃんの目に病変があることに気づいた。一か月後にその赤ちゃんは世を去り、検視解剖の結果、同様の病変が脳全体に広がっていることがわかった。

これがおそらく、医学界で人間のトキソプラズマ症が診断された最初の事例だろう。非常に手強い先天性の病状で、今でも最もよく知られた、最も破壊的なこの病気の症例だ。トキソプラズマ症はネコから妊婦へ、妊婦から胎児へと感染し、自然流産、死産、失明や知能発育不全のような重度の合併症を引き起こす。だが、その症状の原因が何で、何から感染しているかがわかるのは、まだ数十年先のことになる。

一九五〇年代までに、科学者たちは肉食との関連を疑うようになっていた。残飯に含まれている十分に火の通っていない肉を食べたブタで、感染率が高いことに気づいたからだ。研究者は一九六五年に、パリのサナトリウムでこの考えを検証してみることにした。数百人の若い結核患者に、ほとんど火を通さない骨付きのラム肉を食べてもらう方法だった（生肉は結核の治療にも有効だと考えられていたので、その実験は――少なくとも当時は――倫理的に問題がないとされた）。肉の一部に組織シストが潜んでいたに違いなく、病気の子どもたちのトキソプラズマ症感染率が急上昇した。だがどのような動物の種が感染パターンの鍵を握っているかは、謎のままだった。

そしてついにブレークスルーがやってきたのは、スコットランド人の寄生生物学者がほんの思いつきで研究対象をイヌからネコに変え、研究用のネコの糞でトキソプラズマを見つけたときのことだ。デュベイをはじめ、ほかの研究者たちもこの幸運な手本を見習い、一九六九年までにはいくつかのグループが、この寄生生物の終宿主はネコであり、ネコの腹のなかが指令本部になっているという結論に達した。

中世の宗教裁判は、ネコにとって少しも手厳しいものではなかった。ネコはかつて赤ちゃんの息を奪うと噂されたかもしれないが、今や胎児を失明させ、脳を滅茶苦茶にできるという、動かぬ証拠が見つかったのだ。『サイエンス』誌がこの発見を掲載したあと、「人々はそれを正しく理解しなかったために、たくさんのネコが殺された」と、デュベイは当時を思い出して話す。

ネコがこうして広まった災難を克服し、一九七〇年代になると増え方が加速さえした事実は、人間の心をつかんで離さないネコの並外れた力をさらに証明している。それでも今では、ネコの飼い方によっては、特に室内で飼うネコならば、まったく危険がないこともわかっている。実際のところ、平均的なネコの飼い主で感染率が特に高いわけでもない。室内で飼われているネコは、戸外の動物と接触する機会もあまりないし、ほとんどが市販のキャットフードを食べていて、それは冷凍や高温での調理などの寄生生物を殺す工業的処理を経ている。だから室内で暮らすネコはめったに感染しない。

トキソプラズマを人間に感染させるのは通常、感染した餌を捕らえて食べる機会のある、屋外を歩くネコだ。そうしたネコが目に見えないオーシストを体外に出すと、飼い主がトイレを掃除するときに知らずに触ったり、近所の人が汚染した庭の土をいじって偶然に吸い込んだりすることがある。あるいは、私たちの食物連鎖に含まれている別の動物（たとえば子ヒツジ）がこの生きものを吸い込み、私たちがラムバーガーを食べてそれを体内に入れることもある。中間宿主が、別の中間宿主を消費する形だ（納屋で飼われているネコは、ネズミをあまりたくさん捕まえないだけでなく、家畜にトキソプラズマ症を広めることもあり、デュベイはネコをブタから遠ざけておくようにと忠告している。ブタは特に感染しやすい）。

ネコがトキソプラズマに感染するのは、通常は一生に一回だけで、オーシストを体外に排出する期間は、この寄生生物が休眠状態に入る前の数週間に限られる。だが科学者たちの見積もりによれば、いついかなる瞬間にも地球上のすべてのネコの一パーセントがトキソプラズマをばらまいており、その数は生態系をトキソプラズマで飽和状態にするのに十分すぎる数字だ。米国では、ペンシルバニア州のブラックベアのおよそ八〇パーセントが感染している（ブラックベアは種々雑多なゴミをあさって食べ、肉をじっくり料理することはなさそうだ）。別の調査では、オハイオ州のシカの半数近くがトキソプラズマ症にかかっている。ネコの糞がついた草を食べて感染するらしい。

人間はシカやクマより衛生に気を使っているとは言え、トキソプラズマ症から身を守るのは思っているより難しい。たとえば、現代の妊婦は医学的見地から、幸せな九か月のあいだ、ネコのトイレを掃除しない特権を手にできる。だが私と同じように室内でネコを飼っている人にとって、この対策はほとんど意味をなさない。ほんとうの危険は別のところに潜んでいるからだ。

137　第5章　ネコから人間の脳へ感染する

たとえば、生肉を食べないようにすればもっと効果的だろう。それでも、菜食主義者がこの病気をすっかり免除されるわけではない。スタンフォード大学の微生物学者ジョン・ブースロイドは、一般の人々にトキソプラズマ症の話をすると、「菜食主義者がとても得意そうな顔をするので、私はみんなにニンジンの写真を見せます」と話す。土がついた野菜にはネコが排出したオーシストがたくさんついている可能性がある。インドで実施された研究では、菜食主義者も肉食をする人も、実際の感染率は同じくらいだった。

ちなみに、水を飲んだだけで感染することもある。広く知られる大量感染は、一〇〇人以上の人々がカナダの汚染された貯水池の水を飲んで発生したもので、ネコの排泄物で汚れた飲料水は重要な感染経路になり、とりわけ発展途上世界では起きやすい問題だろう。息をするのも安全とは言い切れない。もうひとつのよく研究されたトキソプラズマ症の大発生は、ジョージア州アトランタのネコが暮らす馬小屋で、人々が埃を吸い込んだだけのことが原因だった。

ネコとトキソプラズマがいつ、なぜ、最初に手を組んだかを知る人はいないが、その関係はとても古いものらしい。ライオン、ヒョウ、その他野生のネコ科動物が、かつては地球の非常に広い部分を支配していたのだから、この寄生生物はリビアヤマネコがはじめて人間の集落に入り込むよりはるか昔に、しっかり広まっていたと考えられる。事実、人間のＤＮＡに残された痕跡は、トキソプラズマが霊長類の進化に影響を及ぼしたことを示している。感染をうまく切り抜けられるように、私たちの遺伝子のひとつがシャットダウンされたらしく、発現していない「死んだ遺伝子」となって今も私たちの細胞のなかに残っている。

それでも、トキソプラズマを今のようにどこにでもいる存在にしたのは、人間とイエネコとのあいだの現代的な、進化上の極端な関係だ。原始の自然界では、ネコ科の動物は——食物連鎖の頂点にいた他の動物たちよりさらに——稀少な存在で、ネコに依存する寄生生物の広がりにも限度があった。その後、人間の文明化が進み、町に住むペットのネコがどんどん増えていった。私たちがネコを連れて新しい生態系に遠征すれば、トキソプラズマも必ずいっしょについてきた。今ではこの寄生生物は北極圏にまで進出し、シロイルカなどの動物に取りついているし、オーストラリアのように土着のネコ科動物がいない地域では特に破壊的だ。ネコ科動物と共進化しなかったカンガルーをはじめとした動物たちは、トキソプラズマ症で命を落とすことも多い。それらの動物の免疫系は外来の病気に対処できないからだ。

私たちはイエネコをあちこちに連れてまわりながら、トキソプラズマの生態も変化させてきたらしい。たとえば、船でブラジルに渡ったヨーロッパの開拓者たちは船にいたネコを上陸させたが、それらのネコには、おそらくジャガーやピューマから異国の変種が感染したことだろう。ブラジルの変種が入り込んだネコが、すでにヨーロッパの系統に感染していた場合には、ふたつの変種がネコの腸内で混じりあう前例のない機会が生まれ、新たな、非常に強固な変異を起こした可能性もある。

ネコの腸は、なぜ、この寄生生物にとってそれほど居心地がよいのだろうか?「たぶん、体温から食べるもの、常在微生物まで、たくさんの要因があるのでしょう」と、ブースロイドは言った。さらに、この寄生生物が長く住みついているあいだに起きたであろう変異も、ネコ科の宿主に合わせた「絶妙な微調整」をするのに役立ったかもしれないと話す。

トキソプラズマに似た生きものは、ほかの多くの動物の腸にも住んでいる――ニワトリは糞といっしょに、ニワトリの内臓に完璧に適した同様の寄生生物を排出する。だがその寄生生物はニワトリの体内だけで生きることができ、家畜小屋で暮らすほかの動物によって運ばれることも、ましてや人間の体内に侵入することもない。単一の寄生生物が終宿主のほかに、それほど広範囲にわたる中間宿主のネットワークに感染するのは、まったく驚くべきことなのだ。

このネットワーク効果を読み解く鍵となるのは、ネコ科動物の徹底した肉食性だろう。ネズミが偶然にニワトリの糞に含まれた寄生生物を吸い込み、そのニワトリの寄生生物がネズミの体内で生き残る方法を考え出したとしよう。それは大きな飛躍だが――ブースロイドは「ありがたいことに、そうたびたび起こることではありませんが」と話す――この場合はまったく無意味なものだ。そのニワトリの寄生生物は、ネズミの体内に入ったことで閉じ込められてしまった。別のニワトリがそのネズミを食べることはないから、その寄生生物がニワトリの胃のなかという自分にとっての楽園に戻る方法はないし、ネズミのなかでも生きられる新しくて気の利いた変異を、自分自身の無数のコピーによってもたらす方法もない。

それに対し、ネコの糞に含まれる寄生生物が、同じネズミの体内で同じような変異を起こした場合には、もっとずっと多くの選択肢を手にできる。「ネコは肉食性ですから、そのネズミがまたネコに食べられ、寄生生物が暮らす必要がある場所に戻れる可能性があり」、そうやって無限の反復が起きると、ブースロイドは説明してくれた。ネズミが袋小路ではなく、好機になるわけだ。

トキソプラズマの中間宿主の一部には袋小路もある——ザトウクジラもこの寄生生物を運ぶことがあるが、ライオンでさえザトウクジラを追うことはない。それでも、ネコは実に多様な肉を消費するので、ネコの寄生生物は幅広い網を張ることに意味がある。どんなに数多く失敗しても何度か当たれば成功だ。

つまりイエネコと同様にトキソプラズマも、狭い範囲に微調整されながら柔軟性に富み、好き嫌いが激しいが誰とでもうまくやれる。ほかの単細胞寄生生物が一種類のヒト細胞だけを狙うのに対し（たとえばトキソプラズマの親戚筋にあたるマラリアは、赤血球だけを追いかける）、トキソプラズマは胃や肝細胞、ニューロン、心臓の細胞と、実質的に私たちの体のあらゆる部分を乗っ取ってしまう。活動中のトキソプラズマを写した高倍率の動画を見ていると、私のチートーにちょっと似ているようにさえ感じる。ふっくらとして小さい滴の形をした寄生生物が、はるかに大きいヒト細胞にジワジワとにじり寄る様子は、ネコが餌をねだって飼い主の足首にまとわりつく様子を思わせる。それから突然、細胞めがけて勢いよくぶつかり、水風船が節穴をスルリと通り抜けるように、細胞のなかに潜り込んでしまう。

トキソプラズマは免疫細胞に入り込むことさえでき、ほとんどの寄生生物が侵入できない人間の脳に忍び込むためにそれを利用するらしい。脳は私たちにとっておそらく最も重要で脆弱な器官だから、これは並外れたやり方だ。膨張を伴う通常の免疫反応は頭骨内の閉じられた場所では致命的になることがあるため、脳内では機能しない。最良の戦略は最初からよそ者の侵入を許さないことで、脳と体の境界は特別に並んだ血管でしっかり守られ、侵入はほとんど不可能だ。

だがトキソプラズマは、体自身が信頼している免疫細胞をトロイの木馬として利用し、その境界をくぐり抜けることがある。そしていったんなかに入ってしまえば、脳がそれに対してできることはあまりない。寄生生物はそこにとどまる。殻に包まれた組織内シストのなかに引きこもったまま、ネコに食べられるのを辛抱強く待っているのだ。

人間の心を操る

だがもしかすると、トキソプラズマはただ脳のなかでチャンス到来を待っているだけではないかもしれない。裏で糸を引いて、自分に都合よく不正を働き、ネコの餌になる確率を高めている可能性がある。それが一九九〇年代に実施されたセンセーショナルな一連の実験の骨子で、オックスフォード大学の科学者たちはトキソプラズマに感染したネズミに、ネコの尿のにおいを嗅がせてみた。

ネコは、ネズミ捕りの腕前を見れば概して二流であるとは言え、害獣駆除に関して役に立つものをひとつもっている。尿だ。ネコの尿のにおいは、ネズミにとって世界で最も恐ろしいにおいなのだ。祖先が数十世代にもわたって檻のなかで繁殖し、イエネコの爪から遠く離れて過ごしてきた実験用のラットでさえ、ネコの尿に気づくと逃げ出す。

ネコの糞を介して広がる寄生生物から見ると、ネコの尿に対するこの生来の恐怖は「感染に対する大きな障害」になると、オックスフォードの研究を率いたジョアン・ウェブスターは言う。「私たちはトキソプラズマがこの影響を弱められるかどうかを調べたいと考えた」

観察の結果は、影響を弱める以上のものだった。この寄生生物はラットの恐怖の本能を完全に消し去っているように見え、感染したラットはネコの尿を避けなくなっていた。「実際には引きつけていた」と、ウェブスターは言っている。ネコの尿にすり寄るラットは、社会的行動を変化させたようにも、以前からラットを威嚇するそのほかのものへの恐怖心を失っているようにも見えなかった。研究者たちはこの様子をネコとの「危険な情事」と名づけて、新聞を喜ばせた。

ほかの多くの研究室でも再現されたこの発見は、いわゆる操作仮説によって強まっていた科学者たちの関心と一致するものだった。いくつかの寄生生物は、自分自身の選択的な利益のために、宿主の行動を操ることが明らかになっている。ときには不運な宿主の動物が、自分自身を生贄《いけにえ》として差し出す気にさせられることもある。ある有名な例では、寄生性の吸虫がアリに感染すると、その吸虫が寄生したい宿主であるヒツジやウシに食べられやすいよう、アリを草の葉にのぼるよう仕向ける。

科学者たちは今では、トキソプラズマに感染したネズミの向こう見ずな行動——ネコの尿に近づく新たに得た勇気と、研究者たちが同様に注目した、活動レベルの上昇の組み合わせ——は、ネコによる捕食の可能性を高めるために工作されたものだという仮説を立てている。

もし正しければ、その発見は思ったより重大だ。操作仮説の典型的な例の大半は、不運なアリのように、もっと単純な生きもので起きている。哺乳動物では、これほど劇的に宿主を操る寄生生物の例はほかにない。

ここで、私のとても個人的な疑問に立ち戻ることになる。このネコの寄生生物がネズミを操り人形のように利用するなら、人間も同じように操り人形になるのだろうか？　私はライオンのねぐらで自分自身を「生贄」にしようと、神経学的に導かれたのだろうか？　何だか陰気な魅惑にとらわれて、私は人間に最も近い霊長類の親類に関する研究を読んだ。その研究では、トキソプラズマに感染したチンパンジーが、主要な捕食者であるヒョウの尿に引かれることが発見されていた。

残念ながら科学者たちはまだ、ライオンに食われた不運な人間の犠牲者のうち何人にトキソプラズマが感染しているかを分析していない。それでも、寄生生物と感染した人々の危険を冒す行動について、いくつかの興味ある研究が行なわれてきた。感染すると、さまざまなやり方で手荒く死のうとする傾向が強まるらしい。

たとえば、トキソプラズマ症にかかっている人では自殺のリスクが上昇し、感染率の高い国では自殺率や他殺率が高まる傾向がある。同じ上昇が自動車事故の統計でも見られ、トキソプラズマ症にかかっている人が自動車事故に巻き込まれる確率はそうでない人の二倍以上だ。

愛車ジャガーを運転中の衝突事故は、ジャガーに食われた場面の現代版だろうか？　あり得る。スタンフォード大学の神経生物学者ロバート・サポルスキーは、オンライン・インタビューで次のように語っている。「トキソプラズマに感染している人に注目すれば、私たちが本来はやりたがらないはずの、バカげたことをする傾向が見えはじめるかもしれません。たとえば、思いっきり加速をつけて自動車で隙間に突進し、くぐり抜けようとするような」

だが一部の科学者は、そのようなずさんなドライバー（およびその他の感染した人と動物）は、寄生生物による操作というより、もっと特別ではないことに影響されている可能性のほうが高いと考えている。たとえば、大半の人々が経験するような短期間の病気よりもずっと長く続く、抑制されてはいるが継続的な免疫反応のようなものだ。このような痛手を受ける人は、そもそも他の人より免疫系が弱かったり敏感だったりするかもしれず、トキソプラズマ症の感染によって絶え間なく気分が悪くなっていることもある。事故を起こしやすいドライバーの場合は、反応が鈍り、交通事故を避けにくくなっている可能性がある。

この第二の仮説は、別の不愉快なデータでも支持されている。モントレー湾のトキソプラズマに感染したラッコは、スーパー捕食者に殺される確率が三倍高いが、その捕食者はネコ科の動物ではない。感染したラッコはホオジロザメの犠牲になる。ネコの寄生生物が宿主を、大型の魚に「魅力を感じる」よう変えてしまうのは奇妙に思える。おそらく、病気になったラッコは少しぼんやりして混乱するから、格好の餌食になるのだろう。

格好の餌食と言えば、私がライオンのねぐらを舞台にした自家製の仮説について話すたびに、科学者たちは実におかしそうにクスクス笑う。彼らは、寄生生物が中間宿主となる特定の種の体内での暮らしに自らを適応させると推測しているが、人間はその限りではないと思っている。そのような適応は、ネズミやハトなど、もっと手に入りやすくて捕らえやすい種についてのみ筋が通る。実際のところ、今の世のなかでは大小を問わずネコ科動物によって食べられる人間はそういないわけで、バカなジャーナリストをライオンのねぐらに誘い込むつもりのトキソプラズマの変種があったとしても、とうの昔に自滅していることだろう。数十億個単位で生まれる寄生生物にとっては、人間の数など取るに足らない。

それでもまだ、それが私たちにとってまったく無関係というわけではない。トキソプラズマ症を恐れる必要があるのは妊娠した女性だけだとする考えは、一九八〇年代のＨＩＶ流行をきっかけとして、大きな間違いであることを思い知らされた。ＡＩＤＳ患者では免疫系が衰えるために、この寄生生物の暴走を許すことになり、脳にテニスボール大の病変が生じる。ヨーロッパのいくつかの国ではＡＩＤＳ患者の三〇パーセントもが（米国では一〇パーセントが）、トキソプラズマの感染によって命を落とした。事実、トキソプラズマ症の薬を製造している会社が免疫不全に対する救命治療の価格を急に引き上げたあと、この微生物は二〇一六年のアメリカ大統領候補討論会で最新の話題にもなっていた。

今では健康な免疫系の持ち主についても、研究者たちはトキソプラズマと山ほどの病気との相関関係を見つけつつある。アルツハイマー病、パーキンソン病、リウマチ性関節炎、肥満、脳腫瘍（この関連性は特に大きな争点となっている）、偏頭痛、鬱病、双極性障害、不妊、攻撃性の亢進、強迫神経症などだ。シカゴ大学の最近の研究は、ロードレージ〔自動車の運転中に他車の割り込みや追い越しなどに腹を立て、過激な報復行動を取ること〕とのつながりに注目している。

そしてさらに驚くべき研究がある。チェコの科学者ヤロスラフ・フレグルは、トキソプラズマが私たちひとりひとりの性格に影響していると考えているのだ。フレグルの研究によれば、感染している人は感染していない人より罪悪感を抱きやすく、感染している男性は疑い深く独善的な傾向が強い一方、感染している女性は社交的で身なりに気を配る傾向が強い。おそらく当然の成り行きとして、フレグルが人間の被験者にネコの尿のにおいを嗅いでもらったところ、感染している男性はそのにおいを好むのに対し、女性はそうではなかった。

この研究分野では、これよりもっと風変わりな結果が登場しつつある。別のトキソプラズマ研究者は、香りがネコの尿に似ているとされる白ワイン「ソーヴィニヨン・ブラン」が好きなことも、感染によって説明できるだろうと考える（なるほど、私のお気に入りのワインのひとつは、「スグリの木の上のネコのおしっこ［Cat's Pee on a Gooseberry Bush］」という名前だ）。ニュージーランドはこのタイプのワインが得意で、この国はネコの所有率が世界でもトップクラスであり、トキソプラズマ症の感染率はおよそ四〇パーセントとなっている。

仮に、これらの興味深い発見がさらに精査され、正しいことがわかったとしても、私たちの買い物の習慣やワインセラーの中身が、どうやってネコの捕食の成功率を高めるというのか？　おそらく高めたりはしない。トキソプラズマはたくさんの中間宿主で幅広い行動の変化を引き起こし、そのうちのほんの一部だけ、この侵入者にとって利益となればいいのだろう。

それでも、人間の脳は動物界で他に類を見ない存在だから、ラッコやワラビーのようなほかの宿主なら問題にならないような、微細な影響を受ける可能性がある。トキソプラズマによって引き起こされるかもしれないこれらの病気のなかで最もよく研究されているものは、実際に心配なものだ――トキソプラズマと統合失調症とのあいだには、根強いつながりがある。

統合失調症とのかかわり

E・フラー・トリーは、統合失調症と双極性障害の研究に対するアメリカ最大の民間出資機関であるスタンレー医学研究所の副所長を務める。メリーランド州チェビーチェイスの広々とした彼のオフィスに飾られたアフリカのタペストリーは、平和部隊の医師としての活動を示している。ゾウの群れが描かれた絵もかかっているが、ライオンは見当たらない。ただし、全体にX印をつけた小さなイエネコの写真がある。

トリーはネコを飼っておらず、飼いたいと思う彼の家族は不運だろう。「私の孫の家にネコがいないのは、子どもにネコを買ってやらないよう、娘に強く言い聞かせたからです」と、この研究専門の精神科医は話す。「小さな子どもがいる家庭では外を出歩くネコを飼わないよう、誰にでもアドバイスします。それに、一日二四時間カバーされていない砂場では、ぜったいに遊ばないようにともアドバイスしますよ」

それに対し、トリーとよく共同研究をするジョンズ・ホプキンス大学の小児科医でウイルス学者のロバート・ヨルケンは、室内でシナモンとティビーという二匹のネコを飼っている。

ネコとの個人的な関係は異なっていても、ふたりはイエネコの世界征服に、ひいてはトキソプラズマの世界征服に危機感を募らせているという点で、共通の認識を抱いている。最近の『トレンド・イン・パラサイトロジー』誌に掲載された論文で、ふたりは「これほどの数のネコが飼われたことは歴史上前例がない」と書き、一九八六年から二〇〇六年のあいだにネコの飼育数が五〇パーセントも増加したことに言及している。私たちはその成り行きを、ようやく知りはじめたばかりなのかもしれない。

トリーは、統合失調症が近年になって出現した病気で、一八〇〇年代初頭より前にはほとんどなかったと考えている。そのころの歴史的文書にはじめてこの病気の記載が登場しており、近代化によるさまざまな要因で生まれたか、悪化した可能性がある。だがトリーが特に興味を抱いたのは、一九世紀のライフスタイルに見られるひとつの傾向だった。そのころから、ネコを飼う人が増えているのだ。すでに見てきた通り、一八〇〇年代はネコが人々の家庭で餌をもらって暮らすようになる道のりを、少しずつ歩みはじめた時期と重なる。最初に起きたネコブームの中心を担っていたのは芸術家で、それは必ずしも精神的健康で知られる人たちの集まりではなかったと、トリーは指摘する。

そして著書『目に見えない伝染病（*The Invisible Plague*）』で、「ペットとして飼われるネコの増加と精神病の増加とは、ほぼ平行して進んでいる」と書いた。

ヨルケンとトリーは『スキッォフレニア（統合失調症）・ブレティン』誌の一九九五年版で医学界に（「チフスのメアリー」ならぬ）「チフスのトラネコ」という概念を紹介して、一九四四年から四五年にかけてのオランダの「飢餓の冬」に生まれた人々で統合失調症が急増したという、結びつけるのが難しい、興味深い現象を説明している。この冬、飢えた妊婦がネコを食べたとされる。

ふたりが行なった別の研究は、それよりさらに説得力があるかもしれない。その研究では、調査の対象になった精神障害のある成人の五一パーセントが子ども時代にネコを飼っていたのに対し、健康な人が子ども時代にネコを飼っていた割合は三八パーセントだった（子ども時代に大きな相違が見られたのは、そのほかには母乳で育った割合のみだった）。論文は、「イエネコは、統合失調症の発現における重要な環境要因であろう」と結論づけている。

その後もふたりは研究を繰り返し、統合失調症の子どもが全般的にペットを飼っている割合が高いわけではないことを確認するために、イヌを飼っている場合を対象群として用いた。するとやはり、統合失調症の患者は子供時代にネコを飼っていた割合が高く、イヌを飼っていた割合は健康な人と同じだった。

ヨルケンとトリーが、診療を受けるレベルの精神障害とネコとの関係をはじめて持ち出したとき、「誰もがまったくばかげた考えだと思った」と、トリーは当時を思い出す。ふたりは当初、ネコ科特有のレトロウイルスが統合失調症を媒介するのではないかと考えた。しかしトキソプラズマ研究の分野が発展すると、この病気とのより強いつながりが明らかになった。

統合失調症は深刻な病気だが、医学的に解明されておらず、アメリカ人の約一パーセントを幻覚や妄想などの症状で苦しめている。どう見ても、トキソプラズマ症の人――世界人口の三分の一――の大半は統合失調症にかかってはおらず、数々の研究がこの病気には大きな遺伝的要素があることを示している。だがヨルケンとトリーは、トキソプラズマ症がそのほかの環境的要素と遺伝的要素と組み合わさって、この病気の素因をもつ人々を本格的な精神障害へと追いやる危険因子になっているのではないかと考えている。

説得力のある事実として、トキソプラズマ症にかかっている人が統合失調症の診断を受ける割合は、かかっていない人のおよそ三倍にのぼっている点がある。それでも、ひとりの人が統合失調症とトキソプラズマ症の両方をもつ場合、通常はどちらに先に罹患したかを判断する方法がない。ふたりの考えを批判する人々は、統合失調症の患者は精神状態のせいで衛生に気がまわらなくなり、寄生生物に感染しやすくなるのではないかと指摘している。

だがヨルケンとトリーは、自分たちの説から生じている緊張状態を好意的に受け止めながらも、裏づけとなる数々の相関関係を示している。統合失調症には、一八〇〇年代の唐突とも思える出現に加え、精神疾患としては珍しく理解しがたい季節的要因もある――この病気の患者は、冬から早春にかけて生まれた人に多い。これについてトリーは、室内と屋外を行ったり来たりしているネコは、活発に狩りも続ける一方で寒い季節には屋内で過ごす時間が長く、冬から早春にかけて生まれる赤ちゃんが母親の妊娠後期に感染しやすくなるせいではないかと推測している。トキソプラズマは、特に妊娠後期に深刻な影響を与える。妊娠している女性は、冬季にトキソプラズマに感染する確率が高いことを示す研究もいくつかある。

そのほかにも断片的な証拠はあちこちに存在する。急性トキソプラズマ症の女性と同様、統合失調症の女性は死産を経験する割合が高い傾向があり、その理由はまだわかっていない。パプアニューギニアの山岳地方など、歴史的にネコがいない（したがってトキソプラズマもいない）いくつかの場所では、統合失調症が非常に少ないように見える。統合失調症と同様、トキソプラズマ症も家系で伝わる傾向があり（遺伝的にではなく、家族が食べもの、水源、そしてネコを共有しているため）、統合失調症の遺伝性とみなされているものの一部にはトキソプラズマの感染パターンが紛れ込んでいる可能性がある。統合失調症の患者は、理由はわからないが、狭い場所に大勢が住む貧しい世帯で暮らす人のほうが多い。トキソプラズマ症も同じだ。最後に、トキソプラズマ症の患者の一部は精神障害の症状を示し、（精神障害の症状がなくても）精神疾患の治療に向けた抗精神病薬は、奇妙なことに休眠モードに入る前のトキソプラズマが広がるのを防ぐのに有効であることが証明されている。

トキソプラズマ症の研究者の多くは、統合失調症の理論がともあれ興味深いものだとは思っている。それでも反論がある。統合失調症は都会で育った人に多いと考えられているのに対し、トキソプラズマ症は農村地域のほうがより広まっているだろう。エチオピア、フランス、ブラジルなど、トキソプラズマ症の感染率が突出して高い国々で、統合失調症の発症率は上がっていない。同様に、新たなネコが続々と飼われるようになっているにもかかわらず、最近では米国をはじめとした先進国の一部でトキソプラズマ症の感染率が下がってきた。おそらく肉を冷凍するようになったこと、また農作業がさまざまな点で改善されてきたことが理由だろう。それなのに統合失調症と診断される人は減少していない。

トキソプラズマ症はあまりにも広く行き渡っているために、証拠をひとつずつに分けて示すのは難しい。それでも、データの腹立たしい不一致のなかには、診断ツールが改善されれば解決するものもあると、ヨルケンとトリーは話す。トキソプラズマの変種を識別できるツール（一部の変種はほかのものよりはるかに悪性だ）、または体内に潜む正確な場所を特定できるツール（神経学的な因果関係という観点からは、肝臓内のシストの方が脳内のシストより関連性が低くなる）が待たれる。

最も重要なのは、トキソプラズマの検査で感染の時期を明らかにできない点だろう。統合失調症が表面化するのは青年期のことが多く、ヨルケンとトリーは、この寄生生物が特に重大な害を及ぼすのは発達中の脳ではないかと考えている——胎児だけではなく、乳児や幼児も同様だ（たとえば、生後四週間で感染したマウスに対する影響は、生後九週間で感染した場合とは大きく異なる）。ふたりは乳幼児期の感染への注目を強めているところだ。

もちろん、トキソプラズマ症研究者たちの考え方そのものが、実験用ラットと同じように偏ったものになっている可能性はある。なぜなら、トリー、デュベイ、フレグル、その他この分野の有名な研究者たちは、自分自身もトキソプラズマに感染し、そのことを知っているからだ。寄生生物による操作が彼らの研究を操ることはないにしても、観察者バイアスがかかることはあり得る。ネコの糞に混じった寄生生物というレンズを通して人生を見ていると、ある時点で、病的になるリスクがある。

私の場合、微生物が自分をライオンのねぐらに連れていこうとしたという考えを完全に捨てることができたのは、血液検査を二度受け、二度とも陰性の結果を手にしたあとだった。正直に言うと今でも、まだすっかり納得はしていない。ヨルケンとトリーが言うように、血液検査は正確でない場合もある。

トキソプラズマの研究が過熱すれば、ネコに夢中の飼い主だけでなく、重症の患者にも誤った情報を伝える可能性があると危惧する神経学者もいる。アリゾナ大学のトキソプラズマ研究者で、患者も治療しているアニタ・コシーは、次のように話してくれた。「トキソプラズマ症と統合失調症とのつながりは、とても微妙なものです。そしてそれは、心が痛むものでもあります。統合失調症はほんとうに過酷な病気で、私にはその関連づけが空しい期待を抱かせるもののように思えるのです」

古代エジプトのミイラにも

その一方で、トキソプラズマをめぐる新しい理論が次々に生まれている。最近の新聞の論説では、ブラジルなどの一部の国で男性優位の文化とワールドカップでの強さが目立つのは、男性のトキソプラズマ感染率が高いからだとする記事を見かけた（サッカーではリスクを負う姿勢と攻撃性は長所になる）。

あるいは、最初の偉大な文明化を通して、寄生生物が人類の文化のすべてを形成してきたのだろう、以上、といった記事もある。

周知の通り、古代エジプト人はたくさんのイエネコを飼い、実際に工業規模で繁殖させていた。はたして、現代のエジプトでトキソプラズマは大きな問題になっている。ヨルケンとトリーは最近エジプトでの研究に参加し、トキソプラズマで汚染されたナイル川の水に大きな関心を寄せている。

現在、スタンフォード大学の若き研究者パトリック・ハウスが、エジプトのミイラでこの寄生生物を探しているところだ。具体的には、死体処理を担当した人が怠けて脳を残したままだった、質の悪いエジプトのミイラを対象にしている。ハウスは、「私が知っている博物館のあらゆるミイラを一覧表にしました。エクセルのスプレッドシートにしてあります」と言う。

もしトキソプラズマを発見できたら、古代の人々に蔓延していたのか、感染していたのはどの変種か、それらの変種がどのように進化したのかを研究したいと考えている。トキソプラズマ症の流行が古代エジプト人の行動に影響を与えたかどうかを考えるのは、実に興味深い。「私にとっては、人類の歴史を書き換えるようなものですよ」と、ハウスは話す。

私にははじめ、そのプロジェクト全体が突拍子もないものに思えた。まともではないとさえ思えた。だがその後、別の科学者のチームが何千年も前のミイラの肉を調べ、すでにトキソプラズマの存在を確認したことを知る。

第6章 人間はネコに手なずけられている

本物のペットに変身するとき

パーシー（フルネームはプリンス・パーシー・ダブトンシルズで、テレビのキャラクターからとった）はオペラ歌手のようなシャムネコで、朝食をとりながら、まるで餌に感謝しているようにアリアを歌った。ペットとして生きた一七年のあいだ、私の子ども時代のほとんどすべてをわが家でいっしょに過ごしたパーシーは、少し寄り目になった真っ青な瞳でいつも私たちの視線の先を追い、隙さえあれば膝に乗ろうとし、私たちが留守にするとドアの近くをうろついて離れなかった。

そんなふうに家庭生活と人間が大好きに見えるネコを、きっと誰でも知っているに違いない。そういうネコはよく、「イヌみたい」と言われる。一方で、ネコらしいネコもたくさんいる。捉えどころがなく魅惑的、あるいは神経過敏で風変わりだ。

たとえば私の妹が飼っているフィオナは、日中ずっとベッドの下の靴箱のあいだに隠れて過ごし、そのわずかな空間には「フィオナのオフィス」という正式名称がついている。

半ば野生のままのアニーは、日課が少しでも狂うと吐いてしまい、私の母は嘔吐物をはがす特別なヘラをもっていつもあとをついてまわる。

私の大好きなチートーは、家にお客様が来ると、特にその客がチートーを撫でようとすると、相手めがけてかぶりつく傾向がある。

私たちはこれまで、イエネコが厳しい自然のなかでも繁栄できることを見てきた。だがこの卓越した捕食者は、ペットとして人間の家庭の安楽な環境をどんなふうに切り抜けているのだろうか？　室内で飼われているネコたちがどんな精神生活を送り、人間とどんな関係を築き、人間と共有の環境をどんなふうに経験しているのか、私たちはどこまでわかっているのだろう？　目にしみない子ネコ用シャンプーで洗われるのは好きなのか？　チーズ、パパイヤ、ケルプ入り平飼いチキンのディナーを楽しんでいるのか？　そして私たちの共同生活は、どちらの種にとってもよいことなのか？

ほんとうのところ、ネコが私たち人間の平らな塗装壁に囲まれた住みかでちやほやされながら過ごすのは、風の吹きすさぶ亜南極の島や険しい火山で生き抜くのと同じくらい、過激なことなのだ。そしてもしイエネコが人間をイライラさせることがあるなら、たぶん問題は両方にある。

窓ひとつない広大なオーランド・コンベンションセンターで開かれたグローバル・ペットエキスポ

に、私はこの浮世離れした現代の生きものの「心」を探しに行く。会場は奥まった室内だ。五八〇億ドルに達するネコ業界の最大の展示会だけあって、通路にはネコ用品が果てしなく並ぶ。私はブラブラ歩きながら、ゴシック調の真っ黒なネコ用ネイルチップ、ネコ用デンタルピック、車輪を簡単に取り外せるネコ用カートに目をとめる。さまざまな知識も満載で、カボチャを食べさせる自然な毛玉対策、新たなキャットニップと言える「マタタビ」、キャットフードでは「新型プロテイン」が大流行だから、世界のバイソンとカンガルーを心配させているに違いない〔バイソンやカンガルーの肉には良質なタンパク質が多く含まれる〕。人も食べられる水準のキャットフードのサンプルを、あちこちでていねいに断りながら進む。セコイアの木をかたどったキャットツリーの強度を確かめるために成人の男性がてっぺんまで登り、観衆の歓声に応えて両腕を高々と上げる様子を、つい立ち止まって見てしまう。

少し前まで、ネコには「用品」などないに等しかった。ましてや、偽の木で作った森、手作りのネコ用テント、オートミール配合の日焼け止めクリームなど、思いもよらなかった。ほとんどがイヌ用に開発された薬を流用していたし、ネコ用キャリーバッグのような基本的な用品もめったに見なかった――監禁が必要なネコは、古い長靴にでも詰め込まれたのだろう。市販のドッグフードは一八六〇年代に考案されたが、市販のキャットフードとなると第二次大戦後になるまで売れ行きは見込めなかった。正当な理由のもと、ネコは自力で食べられるとみなされていたからだ。

一九六〇年代になっても、キャットフード、キャットトーイ、そのほかのキャット何々すべてを合わせたネコ用品の市場規模はペット商品市場全体の八パーセントという驚きの小ささで、イヌ（四〇パーセント）はもちろん、昔の好敵手だった鳥（一六・五パーセント）にも遠く及ばず、爬虫類や小型哺乳類という餌になるような種にも負けていた。

だが現在ではネコが巨大な市場を手にし、首位を走るイヌが占める割合を減らしている。アメリカ人は現在、キャットフードだけに毎年六六億ドルずつ支払い、ネコのトイレの砂さえ、年間二〇億ドルの区分に含まれる。

何が変わったのだろうか？　ネコのおむつ、緑茶抽出物入りネコ用栄養ドリンク、鳴き声が出るネコ用枕は、どれもみごとな新機軸ではある。でもそれらは、室内で飼われるネコが登場しなければ存在しないはずのものだ。

ネコを室内だけで飼うようになったのは、ごく最近でしかない。カール・ヴァン・ヴェクテンは、一九二〇年にイエネコについて書いた古典的著作『家のなかにいるトラ（*The Tiger in the House*）』で、つかみどころのない、ほとんどは屋外で過ごしていたネコのライフスタイルを描いている。マンハッタンという繁華街でさえそれが当たり前だったころから、まだ一〇〇年もたっていない。「ペルシャの子ネコたちは屋根の上の自由な暮らしを求め、絹で囲まれた贅沢な客間を抜け出すことが知られている。家庭の炉端で飼われ、家族みんなに可愛がられているごく普通の雄ネコが、屋根やフェンスの上をうろついて喧嘩の主役になる」

だが今では、アメリカで飼われているネコの六〇パーセント以上が常に室内で暮らし、そのほかの数百万匹のペットのネコも一日の大半を、あるいは少なくとも夜間は、室内で過ごす。屋根の上ではなく下に住む生活への変化は、ここ五〇年ほどで起きたものにすぎず、はじめは都市化によって余儀なくされ、去勢によって可能になった（去勢されていない、雌を追いかけ回す雄ネコとギャーギャー鳴く雌ネコは、あまり思いやりのあるルームメイトとは言えない）。人間という種が、征服を果たした自然界を避けて都市に引きこもるにつれ、さらに空をめざしてどんどん高い階へとのぼるにつれ、多くのネコもついてきた。

個々のネコからすれば、室内への移動は難題だった。室内にこもればたいていの場合、最も得意なことをするチャンスを奪われてしまう――交尾と狩りだ。だが、種としての世界征服という面では、室内に入ることは見事な計略だった。世界中のネコ科動物のなかではわずかな割合にすぎなくても、室内で暮らすネコは、種全体にとって欠かすことのできない大使の役割を果たしている。室内外交がなければ、野良ネコはこれほど多くの人間を支持者に変えられなかっただろうし、政治的視点に立つなら、ネコ科の脆弱な生態系の消滅はもっとずっと簡単なものになるだろう。今のようなネコブームの盛り上がりは、確実になかったはずだ。

自然界とその辺縁部では、ネコ科動物の暮らしは人の目に触れない。イエネコが気まぐれな生きものから本物のペットへと変身するのは、室内に閉じ込められた瞬間で、優雅な無気力さと見事な横柄ぶり、そして隠された数多くの愉快な習性が、突如として人の目に一日じゅう触れるようになる。そして家庭という限られた空間のなかで、人間のネコに対する長年にわたる感嘆が、やがて取りついて離れない妄想に似たものになる。人々は心を奪われてしまう。最新の研究によれば、飼い主がネコを室内にとどめおこうとするのは、近隣の野生生物を保護するためでも、家族をトキソプラズマ症から守るためでもなく、最愛のネコがアライグマやキャデラックの餌食にならないよう、かくまうためだ。

もちろん、こうした過度の愛を得るために、ネコは自らの生殖腺と（ときには）爪だけでなく、多くの場合は威厳をも失うことになる。ドアが閉まると、またはエレベーターが上昇するにつれ、この頂点捕食者は最も純粋な扶養家族に変身し、用を足す場所から、すること、山ほどの食べものまで、あらゆるものを人間に求めなければならなくなる。

グローバル・ペットエキスポでイエネコたちは、無類の殺し屋としてではなく、キャットニップ入りのおもちゃのバナナや、ミントの香りつきホワイトフィッシュのキャットフードに目がない、可愛らしくて無力な怠け者として宣伝される。ネコの出入り口になるキャットフラップのコーナーは、なおさら悲しい。この小さなドアは、今や緑溢れる自由な裏庭に通じる扉ではなく、地下のトイレ用砂箱に続いているだけのことが多い。

それでも、こうして飼い主が自分のペットとのあいだに築く強い絆のなかで、人間は千年にも及ぶネコとの協調から何か重要なものを手に入れようとしているのかもしれない。たぶん、これらのネコが私たちにもたらす喜びこそが、ネコへの謎めいた執着心を最終的に説明するものなのだろう。

アメリカペット用品協会は、私たちにそう考えてほしいようだ。この業界団体は最近、「人と動物の関係学」と呼ばれる、人間と生きものが互いにどう影響し合っているかに関する正式な研究分野への資金提供を開始した。ビジネス界のリーダーたちは、愛玩動物を所有する恩恵を数値化するための非営利研究組織まで創設し、ペットを「人間と動物の健康にとって有益な要因として」奨励している。科学が何かに肩入れするようなことがあってはならないが、ここで強調されているのは絶対的に前向きな面で、このグループのウェブサイトは次のように宣言している。「ペットは私たちを幸せにします」「ペットは私たちのためになります」

この非営利科学研究組織は、エキスポ開催当時、事業開始にあたって研究助成金を授与しようとしていた。その後、この助成金を得た研究は五つのうち四つがイヌに関するものだったと知り、私はがっかりしている（最近、イヌに関する研究がちょっと多すぎるように思えるのだ。過剰の一因は、米国政府などのグループが、ことのほか役立つこの動物を活用する有効な新しい方法を探し続けていることにある）。そして五番目の資金は乗馬療法に向けられた。つまり、アメリカで最も人気のあるペットをこれから研究しようとしている人たちは、資金を手にすることはできなかった。

だが、調べてみると、何人かの学者がすでに家庭という閉じられた空間での人とネコの関係を精査しており、その結果は必ずしも温かくてフワフワしたものとは限らない。

ネコは健康によい影響を及ぼす？

人間とイエネコの関係についての研究の創始者は、デニス・ターナーというアメリカの生物学者だ。ターナーは一九七〇年代に、まったく違う動物をテーマにして研究者の道を歩みはじめると、吸血コウモリに注目してコスタリカのジャングルに出かけ、コウモリの「血液源の選択」などの習性を調べた。実際にターナー自身が何度か血液源として選ばれ、狂犬病にかかった吸血コウモリに噛まれたあとには、悪名高き二一回のワクチン注射を受けて、ようやく一命を取りとめたのだった。

この危険な実地調査のせいで、ターナーはもっと可愛らしい生きものを研究することに決めたのかもしれない。自分の家のリビングルームという安全な場所に戻ると、さまざまな動物への変更を考え、一時は有名なセレンゲティ・ライオン・プロジェクトのリーダーになるよう誘われた。

「ライオン・プロジェクトを引き受けようかと考えていた、ちょうどそのときでした」と、ターナーは当時を思い出しながら話す。「飼っていたネコがテーブルの下から出てきて、ニャーと鳴いたんですよ。私は冗談めかして、『お前が私のライオンだな』と、ネコに向かって声をかけました。その瞬間に、ピンときましたね」

ネコが屋外を歩きまわって狩りをする習性を研究している科学者は、すでに何人かいた。でもターナーが興味を引かれたのは、ますます親密さを増している屋内での人間とネコとの関係だった。考えるべきことは山ほどあった。人間の膝の上が嫌いなネコがいるのは、体温調節の問題で説明できるのだろうか？ 遊びが活発かどうかは、飼い主の性別によって決まるのだろうか？ そこでターナーは、「配偶者とネコ、そして人間の気分に対するそれらの影響」という、遠まわしではあるが興味を引くタイトルで論文を書いた。

世界中からいくつかの研究室がターナーのあとに続き、間もなく、幸運な大学院生たちが研究プロ

163　第6章 人間はネコに手なずけられている

ジェクトのために厳密に子ネコを撫でるようになった。彼らの努力が実って、今では数こそ少ないが活気に溢れた文献が生まれている。最近の研究では、研究者がある家の床に「大きなガラス製の目玉をつけた可愛いフクロウの子」を置いて、その家に住むネコの反応を調べ、舌なめずりや尻尾の揺れのような行動と、「ギャロップ〈最も速い走り方〉」で走ったり「目をいつもより横長に開いたりする(目を丸くする)」などの「事象」を記録した。

さいわいネコの研究者たちの努力は、人間と動物の交流を研究するまったく新しい分野に集中し、その分野は拡大している。農業と畜産が日常生活から遠くなるにつれ、家庭のペットという、感情的な思い入れのある新しい動物たちとの深まっていく関係を理解しようとする流れは、ごく自然なものだ。そして人間は利己主義の塊だから、なかでもペットたちが私たちの健康に及ぼす数量化できる影響に関心を抱くようになった。

この分野の草分け的研究は一九八〇年に発表されたもので、エリカ・フリードマンという研究者が心臓発作の生存率に影響を与える要因を追跡し、ペットを飼っている患者の一年後の生存率が九四パーセントだったのに対し、ペットを飼っていない患者の一年後の生存率は七二パーセントという結果を得た。そこから導かれた「ペットは私たちのためになる」というスローガンは、それ以来すっかり定着してきた。アメリカのテレビ番組「トゥデイ」に頻繁にゲスト出演する著名な獣医マーティ・ベッカーは、著書『ペットの力：知られざるアニマルセラピー』〈主婦の友社〉で次のように見解をまとめている。「ペットは……舌で舐め、尻尾を振り、リズミカルに喉を鳴らすことで……あなたの健康を向上させ、入院せずに家庭で過ごせるようにし、心臓発作のリスクを減らすという、特効薬になることができる……しかも大金を必要とせず、ファンシーフィーストかフリスキーの缶詰の値段だけで済む」

アラン・ベックはパデュー大学の動物生態学者で、ペット業界の新しい科学的試みの監視にひと役買っている。私は彼に会う直前、「ヤギへの愛着：人間の幸福との密接なかかわり」と題する研究の要約を読み終えていた（「大好きなヤギが死んだとき、母親が死んだときよりも大きな喪失感に襲われた」と、研究の被験者のひとりが報告していた）。ベック自身は、モルモットと自閉症、水族館とアルツハイマー病、それからクライスデールという品種のウマに関係することを研究している。私は特大サイズのコーヒーを注文して、ネコに関する目もくらむような発見に心の準備を整える。だから、ネコがどんなふうに私たちのためになるかを彼に尋ねたとき、熱弁ではなく長い沈黙が返ってきたことに驚いてしまった。

「ひとつの種とか、ひとつの品種とかの悪口を言いはじめると、私はピットブル（闘犬用に改良された犬）で経験したんですからほんとうですが、面倒なことになるんですよ。でも――」

ここで私はじっと耳を澄ませた。

「でも、ほんとうのことを言うと、ネコが健康によい影響を及ぼすという証拠は、あまりないんです」

そして、それは決してみんながネコを嫌いだからではないと、慌てて力をこめる。「私はただ、人々は癒しの効果を求めてネコを飼っているわけではないのだと思います」

実際には、キャットセラピーが正式に実施されている。たとえば、パシフィックルーテル大学などのいくつかの大学には、卒業試験のあいだ学生が触れ合えるよう、訓練を受けた「癒しネコ」が派遣される。だが、それには明らかに限界がある。たくさんの人が――ある調査によれば、ほぼ二〇パーセントの人たちが――単にネコを好きではないし、臨床的な対応が必要なネコ恐怖症も驚くほど一般的なもので、それでもネコは自分を嫌っている人にベタベタしようと寄っていく場合のあることが、研究でわかっている（きわめて正式なキャットセラピーは刑務所内で実施されているらしく、おそらく両者ともに逃れることはできないだろう）。つまり、ネコのヒーラーは一瞬にして逆効果に変わることがわかる。

だが、ペットに夢中になっている飼い主にとっても、ネコは「ペットは私たちのためになる」のスローガンが示すような健康上の恩恵はもたらさないらしい。そのまったく逆だ。エリカ・フリードマンが一九九五年の心臓発作の研究をもう一度繰り返し、今度はペットの飼い主全般ではなく、飼っているペットの種類に注目したところ、イヌの飼い主では実際に患者の生存率が高まっていたが、ネコの飼い主では生存率が少しだけ低くなっていた。別のグループによる最近の追跡調査によれば、ネコは心臓病患者にとってかなりマイナスに作用することがわかっている。イヌの飼い主に比べ、あるいはペットを何も飼っていない人に比べて、ネコを飼っていると「死亡や再入院のリスクが大きく上昇する」と著者は書いている。

別の研究者たちも、同様に気の重い結果を発表してきた。公的医療保険制度メディケイドの記録を調査したアメリカの研究では、イヌの飼い主が医師の診療を受けた頻度は低く、より健康なことを示していたが、ネコの飼い主はほかの人たちと同じ頻度で医師の診療を受けていた。次にオランダの研究は、ネコの飼い主は特定の種類のヘルスケアを求めることが多いと結論づけた。それは精神的なヘルスケアだった。別のグループの科学者たちは、ネコの飼い主は血圧が高いことを突き止めている。ことさら手厳しいノルウェーの研究は、血圧が高いだけでなく、ネコの飼い主は体重が重く、全般的に健康上の障害が多いと発表した。

「運動をする頻度が低い人ほど、ネコを飼っている割合が高い」と、ノルウェーの論文の著者は警鐘を鳴らす。そしてヨーロッパでネコを飼う人の割合が上昇していることに注目し、「ネコがいるせいで飼い主が室内にとどまり、その結果として健康の度合いが低くなっている」かどうかを確認するために、ネコの飼い主を対象としたさらに詳しい科学的調査を行なうべきだと呼びかけている。

室内のネコはほんとうに、うっとりしている人間を囲い込み、体重を増やして血圧を上昇させるほどまでピッタリ寄り沿っているのだろうか？　マーティ・ベッカーが言う「ファンシーフィーストからフリスキーの缶詰」から得られるものは、実際には心停止なのだろうか？　これらの研究成果は私自身のネコ好きな心も少しだけ凍りつかせたので、私は何が起きているかについて、もうちょっと不吉でない解釈を探すことにした。イヌの散歩という習慣だけでも、ネコの飼い主とイヌの飼い主の健康の違いをいくらかは説明できる。ある研究によれば、イヌの飼い主はペットを飼っていない人より、少なくとも何らかの形で歩く割合が六四パーセント高いのに対し、ネコの飼い主が歩く割合はペットを飼っていない人よりさらに九パーセント低い。ネコの飼い主は飼う動物をより自発的に選択しているグループとも思われ、もともとあまり歩きたくない人や健康上の問題を抱えている人が、そもそもイヌではなくネコを選んだのかもしれない。

まだ別の可能性もある。運動量が多くなることはさておき、イヌの飼い主はドッグパークや歩道で出会う人間の仲間から、健康的な社会生活を営むうえでの利点を手に入れられるかもしれない。それに対し、ネコを飼っていても、世間の人たちと頻繁に触れ合うのに役立つわけではない。

とはいえ、いくつかの実験は少なくともこれらの可変要素の一部について対照群を用意しており、それでもなお、イヌとネコが人間に与える影響には根本的な違いがあるようだ。「それはソーシャルサポート理論と呼ばれています」と、ベックは言う。「私たちはほかの人と一緒にいたいと思い、そうすることで寂しさを減らし、触れ合いを心地よく感じ、今この時間だけを考えるために互いを利用します。相手がペットでも同じことです。残念ながら、そのときの相手はネコよりもイヌのほうが適しています」。家族崩壊、地理的隔離、世の中に蔓延する倦怠感の時代にあって、イヌは人間の存在感に代わるものとして、より役立つように思える。

ネコの飼い主の多くは、もちろんこのような批判に腹を立てるだろうし、それはもっともなことだ。私自身、ネコによって慰められる瞬間をあれこれ思い出せる。たとえば、大学を卒業して家を離れたとき、私は家族で飼っていたコビーという名前の丸々太ったネコを一緒に連れて行き、それからは生きたテディベアのように一晩じゅう抱いて寝ていた（もっとも、この記憶を長くたどっていくと、安らぐ気持ちは減っていく。最初に暮らしたアパートの殺風景な環境のなかでコピーは間もなく元気をなくし、痩せはじめたので、とうとうあきらめて私の母親に託さざるをえなかった）。

もしかしたら、ペットのネコを家庭に閉じ込めはしたものの、私たちと触れ合う時間はネコよりイヌのほうが長い点も、問題のひとつかもしれない。ある研究では、ペットの飼い主が自分のペットと一日中過ごす割合は、ネコの場合は七パーセントであるのに対し、イヌの場合は半数にのぼることがわかった。また別の研究では、二一〇分の観察時間のうち、ネコと人間が互いに一メートル以内の距離に近づいた時間はわずか六分で、相互の交流が続いた時間は一分以内のように見えた。日本では、科学者たちがネコの耳のピクピクする動きを分析し、ネコは実際には飼い主の声を認識しているが、ただ人の呼びかけに反応しないと決めているだけであることを明らかにした。

それに、ネコが人に近づこうとするとき、どちらかと言えば人間と同じような方法では私たちとかかわらない。イギリス人獣医師のダニエル・ミルズは最近、一九七〇年代に行なわれた一連の古典的な実験を再現しようとした。その時代の実験は人間の子どもの親に対する愛着を調べるものだったが、今回は子どもと親ではなく、ネコとその飼い主を対象にした。ミルズはすでに、イヌを使って同じ実験を済ませている。イヌは人間の子どもとそっくりに行動し、はじめての部屋をうろうろしながら安心を探し求め、見知らぬ人を避けた。私がミルズと話をした時点では、彼はまだネコを使った実験の結果を発表していなかったが、誰かが実験のビデオを見つけて衝撃のあまり「リーク」したので、インターネットでは大きな騒ぎを巻き起こしていた。ひとつのビデオでは、飼い主が部屋を出て行ってもネコはまったく気にしないばかりか、わざとらしく飼い主を鼻であしらい、見知らぬ人にすり寄って行ったのだ。はじめての環境に置かれたとき、ネコはイヌのように安全を求めて飼い主に頼ることをせず、どんな人とでも楽しく遊ぶと、ミルズは結論づけている。

この研究のせいで「私宛てに嫌がらせのメールがいっぱい来ました」と、ミルズは言った。それでも、「安全と保護という点については、ネコが私たちを慕っているわけではないと言って差し支えありません」。

ネコが人間を手なずける方法

ネコ科動物に関する数多くの問題と同様、ネコの交流のやり方、あるいは交流の欠如は、最終的にタンパク質とその調達という問題に行き着く。そしてここでも、この不足を理解するにはイヌと比較するのが最もわかりやすい。オオカミをもとに生み出されたイヌは、社会性のあるハンターとして進化してきた。イヌが生き残るためには、力を合わせて獲物を倒す必要があった。コミュニケーションと協力は、イヌにとっては歯と同じくらい、生存のための兵器の大切な部分を占めているのだ。人間も、程度の差こそあれ、進化の上では同じ道を歩み、集団生活によって発展をとげてきた。私たちは何万年にもわたり、イヌと共進化さえしてきたかもしれない。日本の科学者たちは最近、オオカミは直接的なアイコンタクトを避けるが、イヌは遠い昔の飼いならしの過程で、人間らしい真剣なアイコンタクトのスタイルを採用したと提言している。やがて、見つめ合うことが相互に意思を伝達する方法の非常に重要な部分になったので、イヌが飼い主の目をじっと見つめると、褒美としてオキシトシンが分泌され、飼い主も見つめ返すことで同じように快楽ホルモンを受け取ることになる（人間の親も、同じような方法で子と絆を結ぶ）。イヌと人はこうして「社会的パートナー」になった。そして現在、千年にも及ぶ人為的な選択と絶え間ない人間への依存を経て、イヌはかつてないほど人間の存在と人間が出す合図に順応している。グローバル・ペットエキスポでは、留守にしているイヌのために、飼い主の靴下の引き出しのにおいを遠隔操作で吹き出せる装置を見たが、イヌたちはおやつと同じくらいそれを好きそうに見えた。

一方のネコは、これまで見てきた通り、完全に孤立して生きる動物だ。野生のネコ科動物はほとんどすべて、単独で暮らし、単独で狩りをし、自分だけの縄張りを行き来するだけで、同じ種の仲間とは滅多に会わない。どんな種類の協力も、ほぼ不可能で——集団で暮らすライオンでさえ狩りをするときには協力などしない——地位の階層というものは存在しない。自然界の隠遁者として、ネコは表現する技術を進化させることはなかった。それを読み取る別のネコが周囲にいなかったからだ。その結果として、ネコ科のトレードマークである無表情な見かけができあがった。ネコは尻尾を激しく振ることも、耳を曲げることも、無垢な目つきをすることもないし、そうしたサインを読み取ることもできない。ネコが、見てわかるはっきりした合図を使う稀な機会は、通常は生死にかかわる瞬間だけで、背中を弓のように曲げてフグのように膨れ上がる。また、こっそり忍び寄る方法に頼る捕食動物として、声を使う信号もあまり利用しない。ネコはおもな伝達手段としてフェロモンを用いている。この刺激臭によるメッセージなら、互いに顔を合わせるという不愉快な思いをまったくせずに、伝えたり受け取ったりできる。

要するに、イエネコは自らのコミュニケーション方式のせいで人間が求める社会的協調を身につけなかったわけで、このような例は他にはほとんどない。ネコが求めるものは、仲間ではなく場所であり、褒め言葉ではなくタンパク質だ。人間とネコは、生物学的に奇妙な取り合わせなのだ。

「ネコは、人間がどう行動するかや、人間と接触するにはどんな方法が一番よいかについて、ほとんど、あるいはまったく、本能的理解がないようだ」と、動物行動学者であるジョン・ブラッドショーは著書『猫的感覚：動物行動学が教えるネコの心理』(早川書房)で指摘している。「人間との愛情のこもった関係は、ほとんどのネコにとって、主要な生きがいにはなっていない」

コミュニケーションせずにはいられない性質をもっている人間は、どんなことがあってもこの不可解な動物の心を読み取ろうとベストを尽くす努力をやめることはなく、そのせいで科学者たちは「ネコの瞳孔の直径に関連する子どもとおとなの感情的態度：予備データ」というタイトルで会議論文を書くことになるのだろう。ブラッドショーのような著名な動物行動学者にとってさえ、人の足に体をこすりつけるネコの行動は、いつまでも解決しない謎だ。そして、こう嘆く。「長年の研究にもかかわらず、ネコがこすりつけるのに使う体の部分に何らかの意味があるかどうか、私にはまだはっきりわかっていない」

ネコに公正を期すために言っておくと、彼らは尿を吹きかけるか、顔と尻にある分泌腺を使って私たちの足にわずかなメッセージを書きつけるという方法で、においを使う限られた表現能力を通して人間に連絡しようと誠実な努力をしているらしい。それにはいくらかの証拠がある。だがたいていの場合、人間は鈍すぎて、そのようなヒントに気づかない。実際のところ、私たちの嗅覚はひどく鈍い(ある研究によれば、ネコの飼い主はにおいを嗅ぐだけではたくさんのネコのなかから自分のネコを選ぶことができないのだから、ひとつのにおいが示すもっと深い意味など、気づくはずもない)。

家庭に閉じ込められたネコたちは人間の援助なしでは生きていけないので、室内ネコは人間とコミュニケーションがとれないために不安定な立場に置かれる。さらに複雑なことに、ブラッドショーが「ソーシャルスキルの不足」と説明している要因のせいで、ネコは罰せられてもほとんど傷つかず、褒美として食べものだけにこだわるので、訓練するのがとても難しい。私たちはネコに自分たちのやり方を教えることはできない。

そこで、ネコと人間との交流を巡る学習は、興味深い方向転換を見せる——ネコが人間との関係で多くの場合そうするように、ネコが主導権を握って私たちを手なずけるようになる。家のなかに閉じ込められ、ほかに頼るものがなくなると、どのペットのネコも石頭の人間を手なずけるという、気の遠くなるような仕事にとりかかるのだ。この作業は通常のネコたちの(反)社会生活の範囲を大きく超えているので、ネコは事実上ゼロからスタートしなければならず、人間の被験者に対して一連のテストと呼べるものを実施する。実際、私たちが自分に対するネコの愛着や愛情だと思っているものは、無条件ではないばかりか、積極的に条件づけされていることがわかっている。実験の計画を立てているのはネコで、私たちはパブロフのイヌだ。

その一部は見え透いていて、ネコ好きにとっては楽しいものでさえある。「うちの可愛い子は、ほんとうに人なつっこいんです」と、ある研究で飼い主が話している。「彼女は愛情を求めていて、実際に足の先で人を『叩いて』、自分を撫でてくれとねだり、ずっと撫で続けさせます」。だが私たちは、ネコが人を手なずけている過程にほとんど気づいていない。

たとえば、多くのネコは人間が音に敏感に反応することをなぜか知っている。喉をゴロゴロ鳴らす心地よい音を考えてみよう。ネコにとっては、この声帯を震わす音による表現は特に決まった意味をもたない――「嬉しい」から「死にそうだ」まで、あらゆることを意味できる。しかし人間にとっては、この音は快く、喜びさえ感じられる。そこで多くのネコは、私たちの耳に届く範囲で自分たちにとっては目的のないゴロゴロという音を調整し、かろうじて聞こえるくらいの、とても気になる、そして断固たる合図を込めた、赤ん坊がぐずる声にそっくりの――普通は食べものをねだる――嘆願の声に変えている。「普通は満足感を連想する声のなかに嘆願する声が加わると、反応を引き出す微妙な手段になる」と、ネコの喉を鳴らす音を研究しているカレン・マコームは言う。彼女は、人々が潜在意識のなかで記憶に刻むこの「反応を引き出すゴロゴロ音」を、「音の調和がとれていないために、慣れて聞き流すのは難しい」と説明し、ネコは結果を得られることに気づくと、その行動を増やすのだと主張した。

ニャーという鳴き声も、同じように人を巧みに操る。自然界では、滅多に使われないこの鳴き声はそれほど意味のあるものではないのだが、多くの飼い主は自分のネコのニャーという声を、特定の命令として正しく解釈する。ペットのネコは野良ネコや野生のネコよりも頻繁に――そして甘く――ニャーと鳴くだけでなく、それぞれの家庭のネコが飼い主に命令するために、ニャーの異なる言葉を作り出している。これらの合図は固有のもので、別の家庭には伝わらない――飼い主は自分のネコの命令する声には耳を傾けるが、隣のネコの声を気にかけるとは限らない。研究によると、「共通の規則を学ぶ」のではなく、「ネコのニャーの分類は、個々のネコの発声を飼い主がどう学ぶか次第」なのだ。例によって、ネコではなく人間のほうが気にとめて区別する。

人間は超コミュニケーション好きに生まれついているので、このような巧みな利用の格好のターゲットになる。機能的MRIを利用して、ネコの声の調子に応じて私たちの脳の血流パターンが変化することを示した研究もある。

室内ネコが嫌がること

ネコの影響を受けている人間の暮らしに関する正式な分析がほとんど進んでいないとすれば、ペットのプライベートな経験についてはさらにわかっていない。例によって、この反社会的な超肉食動物は、新しい環境を舵取りするために最大限の努力を払い、各種の巧妙な生き残り戦略を展開して切り抜ける。たとえばイエネコは、飼い主の一日の暮らしのリズムに合わせて、夜行性の生き方を手放すことができる。そして野良の仲間の一万分の一の縄張りで間に合わせる。交尾の楽しみも放棄する。そして、ほとんどの場合は、ネコ科の存在を定義するほどの娯楽である狩りも、あきらめる。

でも、それだけで十分なのだろうか？　ブラッドショーが指摘しているように、ネコ科動物の仲間はとらわれの身では不幸なことで知られている。動物園で同じように惨めなのは、やはり単独で暮らす肉食動物のクマくらいなものだ。大型のネコ科動物がゆっくりした歩調で歩きまわるのに対し、イエネコは「無関心な休息」と呼ばれる時間を過ごす。この言葉にはピンとくるものがある。私はチートーの赤茶色の巨体が、何時間もベッドの上に転がって動かない様子を思い浮かべる。比類なき殺し屋が、ほかにどんな気晴らしをするというのだろうか？　室内ネコは飼い主との交流が増えることがわかっていて、おそらくほかの選択肢がほとんどないからだろう。それでも、かなり印象的な「室内ネコが『楽しみのために』何をするかに関する世話をする側の認識」というタイトルの研究もある。どうやら飼われているネコの八〇パーセント以上が、一日に最大五時間、窓の外をじっと眺めて過ごしているらしい――視線の先にあるのは風鈴や蝶で、「何もない」こともある。

私たちの快適な家は、ただ退屈なだけではないかもしれない。このひどく神経質な、半分だけ飼いならされたハンターにとって、さまざまな方法でストレスとなる要素があるだろう。それについて人間は想像しはじめたばかりだ。どの家庭にもある冷蔵庫、コンピューター、その他さまざまな機械類は、不愉快な低周波の音を出しており、ネコは何とかして耐えなければならない。グローバル・ペットエキスポでは、耳障りな音をごまかすためにフルートとハープの音色をたっぷり聞かせるネコ用「交響曲」を作曲した女性に出会った。家庭の埃やある種の毒素、なかでも副流煙は、ネコを喘息や、もっとひどい病気にすることもある。人間の祝日は、ネコにとってはまったく祝いにならない。有害な復活祭用のテッポウユリを飾り、耳をつんざく花火を爆発させ、燭台にろうそくを灯し、その火は好奇心いっぱいのフワフワした毛の持ち主に燃え移るかもしれない。

だが一部のネコにとって、家じゅうで最も気に障るのは、間違いなく同居者だ。

実際には仲間が大好きなイヌの場合は一頭だけで飼われていることが多いのに対し、ネコを飼っている家庭の大半は複数のネコを飼っている。ネコは生まれつき同種の仲間を嫌い、数キロ四方の縄張りがあっても共有したくないと思っているのだが、ネコ科の孤独を寂しさと混同している人間は、完全武装の頂点捕食者をもっと連れてきて寄り添わせようとする。たいていのネコは直接のアイコンタクトを脅威とみなし、文字通り互いに見つめ合うことさえ嫌う。ある研究によれば、家庭で飼われている複数のネコは、五〇パーセントの時間を潔癖なまでに互いが目に入らない場所で過ごす。ただし、わずか六、七〇センチほどの距離まで近づくこともよくある。

もちろんネコは驚くほど順応性の高い生きものでもあり、ネコ同士やイヌと、あるいはハムスターとまで「仲良くしている」ネコを、誰でも実際に目にしたりビデオで見たりしているだろう。だがそのようなシナリオはおもに例外的という理由で、興味深いものなのだ。

また、自分が飼い主を所有しているかのように人間が大好きに見えるネコもいる一方、人間に文字通りのアレルギー反応を示して息を切らし、くしゃみをするネコや、人間のフケには耐えられても交流はまっぴら御免というネコもいる。一部のイエネコは、仲間であるネコの視線を避けるだけでなく、人間と目を合わせるのも嫌う。撫でられるのが苦手なこともある。ネコの糞に含まれるコルチゾールのレベルを測定したストレスの研究では、一部の気弱なネコが実際には多頭飼いの家庭で――縄張りを共有する苦しい境遇で暮らしているのに――健闘しているように見えた。この場合は、ほかのネコたちが飼い主による愛撫の矢面に立ってくれるからかもしれない。

さらに、当然のことながら、室内ネコは一種の行動障害を起こすこともある。だから「マイ・キャット・フロム・ヘル」のような番組が成り立つわけだ。そのひとつに「転嫁攻撃」と呼ばれる現象があり、何かが原因で――実際、どんな原因でも――イライラしたネコが、近くにいる人間に不満をぶつけて攻撃してしまう。「たとえば、二匹の飼いネコが喧嘩をすると、負けたほうが興奮を抑えられないまま、家族の子どもに近づいて攻撃することがあります」と、ある動物保護のウェブサイトは説明している。

近年で最も有名な攻撃的ネコは、ラクスという名の動転したヒマラヤンだろう。このネコはポートランドで生後七か月の赤ちゃんを噛んだあと、家族全員を寝室まで追い込み、家族はそこから九一一に緊急通報した。そのときの電話を記録した音声が、インターネットで瞬く間に広まっている。

「そのネコは警官も襲うと思いますか?」と、救急係員が質問すると、一〇キロ近い体重のペットが背後でギャーギャー叫ぶなか、ラクスの飼い主は「はい」と、きっぱり答えた。

二〇〇八年には『ニューヨークタイムズ』紙のペット用抗鬱剤に関する記事が、ブーブーという名前のネコを紹介している。飼い主はこのネコを「精神病のピューマで、ミニチュアのストーカー」と説明している。ブーブーはおもに暴力という手段を用いて、飼い主のダグ（仕事への影響を考えて姓を公表していない裕福な実業家）が別の人の体に触れたあとには、特にそれが香水をつけた女性の場合には、必ず手を洗うか、ときには全身を洗うように条件づけてしまった。

それだけではない。引っ掻く、噛むという攻撃はさらに激しくなり、ダグは「高規格のバリスティックナイロンで裏打ちした」防護服を着ないわけにはいかなくなった。

飼い主を虐待するブーブーとラクスは極端な例だろうが、ネコの異常な行動は少しも珍しいものではない。たとえば公表されている、精神に異常をきたしたペットのネコの場合は、掃除機で追い払うかカップに入った紅茶を浴びせなければならなかった。ネコの約半数が飼い主に爪を立てたり歯をむいたりし（イヌが同じことをした場合を想像してほしい）、ネコの激怒には「撫でたり遊んだりしている状況が関係するのが最も一般的」と、報告している研究もある。「撫でられることに耐えられない」ことに加え、その他の環境的なきっかけには、去勢の状況、家の外に出たい、家に訪問客がいる、別のネコがいる、環境中の鉛濃度、甲高い騒音、いつもと違うにおい——リストはまだまだ続いていく。「ダラスで報告されたネコによる咬傷：ネコ、被害者、攻撃事象の特徴」というタイトルの研究では、典型的な被害者は二一歳から三五歳までの女性で、夏の朝に発生していた。記録されている咬傷の多くは野良ネコによるものだが、家庭のペットに噛まれるほうが重症になる傾向がある。室内のネコは「顔や、複数の箇所を噛む」ことが多く、被害者が救急治療室に送られる割合が高い。

アンガーマネジメントの問題に加え、室内で発生するその他の病状に「トムとジェリー」症候群と呼ばれるものがある。この癲癇《てんかん》に似た謎めいた症状は、最近イギリスで明らかになった。家具に激突して痙攣を起こすのが特徴で、奇妙なネコの行動はほとんどいつも家庭内のごく普通の音がきっかけで発生する。たとえば、ある報告によれば「新聞やポテトチップスの袋」のカサカサという音、「錠剤をブリスター包装《パック》から取り出す音」、「ハンマーで釘を打つ音」、「飼い主が額を叩く音」などだ。

都市部にはハイライズ症候群もあり、イエネコが高層マンションの上層階から飛び降りてしまう（ネコのことだから、一〇階以上でもたいていは生き延びる）。高い階に閉じ込められ、退屈のあまり感覚が麻痺し、ただ誤って窓から飛び出してしまうこともある（その他の場合には、憧れてじっと見つめていたハトを捕らえようとする）。

だが、現代のネコにとって最も深刻な病気は、ネコ突発性膀胱炎だ――この病気はパンドラ症候群と呼ばれることもある。

パンドラ症候群

パンドラ症候群の主な症状は、血の混じった尿が出たり、排尿時に痛がったりするもので、多くはトイレの外で粗相してしまう。発症数は群を抜いて多く、治療費も高価で、たいていはペット保険請求額のトップに入る。ときには都市全域で大発生することもある。オハイオ州立大学の獣医師で、この病気の研究に専念してきたトニー・バフィントンによれば、もう長いあいだネコの死因の一位になっている。病気そのものは致命的ではないのだが、無数の飼い主たちが――おしっこまみれのカーペットにうんざりし、治らないことに絶望して――パンドラ症候群をもつペットを安楽死させるためだ。

はっきりとわかるトイレの問題に加え、ネコ突発性膀胱炎は胃腸、皮膚、神経機能の一連の問題につながる。「パンドラ」の箱だから、一度ふたを開けてしまうと無限とも思える病気が次々にあらわれ、「肺の兆候、皮膚の兆候、あらゆる種類の不明瞭なこと」だとバフィントンは話す。

バフィントンは、パンドラ症候群の研究に着手した当初は「ほかのみんなが思ったように、下部尿路疾患だと思っていました」と、当時を思い出して言う。この病気に苦しむネコを集めはじめると、いとも簡単に見つけることができた。最初にやってきたネコたちのなかには、いつも髪を切ってもらう理髪師から託された、タイガーという名の斑点のあるペルシャネコもいた。バフィントンはタイガーやその他のネコたちを質素な研究用のコロニーに落ち着かせると、それぞれのネコを幅一メートルの別々のケージに入れ、毎日同じ人が同じ時間に基本的な食事を与え、おもちゃをいっぱい置いた共同の廊下を定期的に利用させた。

そうしておいてから、いったいどうやってこの不可解な病気を研究すべきか考え出そうとしたところ、驚くべきことが起きたとバフィントンは話す。

「すべてのネコが快方に向かったのです」

コロニーでおよそ六か月間を過ごすと、研究対象のネコの尿の問題が解決しただけでなく、呼吸器官などの長い症状のリストまですっかり消えてしまった。こうした状況の変化についてバフィントンが説明してくれた驚異に満ちた出来事を聞き、私は『レナードの朝』を思い出した。実験の薬による強硬症の患者の回復を描いたオリバー・サックスの回顧録だが、今回の場合、薬はまったく使っていない。バフィントンが集めたネコの健康と行動の変化は、ネコたちが研究用のコロニーで暮らしている限りはずっと続き、手に負えなかったタイガーもとても愛らしいペットになったので、バフィントンは計画通りにタイガーを殺して解剖するのはとても耐えられなかった。結局、タイガーは余生をコロニーで暮らすことになった。

バフィントンはまったく偶然に治療法を見つけ、その延長で原因も突き止めていた。私たちの家庭がネコを病気にしていたのだ。彼は、「治療法は、環境を改善することです」と言う。

関連文献に目を通したバフィントンは、この病気が室内での暮らしと結びついている場合があることに気づいた——一九二五年という古い時代に、ひとりの獣医師が、ある泌尿器系の問題の原因は「家のなかに厳重に閉じ込めすぎること」だと指摘していた。こうして見ると、この病気が流行する性質をもっている点も筋が通った。一九七〇年代の英国や一九九〇年代のブエノスアイレス（アルゼンチンのキャットフードの会社が、ペットの飼い主に餌が流行の原因だと言われて必死になり、バフィントンに連絡してきたとき）のような、大きな痛手を受けた地域では、急激な都市化が進んで移住者が集合住宅に住み、彼らのネコが完全な室内の暮らしへと移行していた。

ネコにとって失われた屋外に魅力があることは、痛々しいほど明白だった。それでもバフィントンは、鳥を自由に捕らせたり庭をうろつかせたりして研究対象を治療したわけではなかった。彼のコロニーに利用した飾り気のない研究用ケージは——たとえばごく普通の動物保護施設のケージよりも、明らかに平穏な場所ではあったが——豪華なリビングルームより、魅力的なのだろうか？

どうやら、そうらしかった。「ネコにとって最も大切なことは、不変性と、予測可能性だということがわかりました」と、バフィントンは話す。室内ネコは、ピラミッドをもたない頂点捕食者、縄張りをもたない縄張り支配者だ。それでも自分のケージのなかでは、ライバルからも、予測できない騒音からも、きらいなアイコンタクトからも、人間からも逃れ、すべてのネコが生まれながらの存在である、王になれた。

イエネコたちの病を癒すためには、本来いるべき場所に戻してやる方法を見つけなければならないと、バフィントンは主張する。まず第一に、ネコは人間が考えているような都合のよいペットではないことを理解する必要がある。長い週末を、キャットフードを散らかしながらひとりで乗り切れるように思えるかもしれないが、ネコは私たちが勝手に姿を見せたり消したりするのではなく、訓練を受けた執事のように厳密なスケジュールに従うことを望んでいる。そして特に閉じ込められたネコにとっては、厳密はほんとうの厳密を意味する——おおまかな「夕方」の餌ではなく、夕食時間を正確に守る必要がある。「午後八時にネコに餌をやるつもりなら、午後六時や一〇時にやってはいけません」。飼い主が余裕をもてる時間は前後一五分程度で、それ以上ずらせばネコはイライラする。

ネコには、身体的なコントロールの感覚も必要だ。皮肉なことにバフィントンのもとに集まった病気のネコは、問題のある動物をさりげなく捨てたりせずに獣医の治療費をたっぷり支払うような、最も愛情深い飼い主から託されたものが多かった。だがときには、最も愛情深い人は、最もおせっかいな人でもある。「そういう飼い主はペットを可愛がりたくて、ベッドの下から引っ張り出し、抱きしめ、愛情を示そうとするので、ネコは脅威を感じる可能性があります」と、バフィントンは話す。彼の考えによれば、ストレスを感じたネコは、最後には私たちを風変わりな捕食者とみなし、落ち着いて食べる前に好き勝手にもてあそんでいるのかもしれないと思ってしまう。

「意識的にネコを虐待しようとした飼い主に会ったことはないと思います。でも、自分はそんなつもりがなくても、家族との関係を台無しにしてしまう人もたくさんいますからね」

さいわい、うまく適応している多くの室内ネコが理解しているように、人間にはどう行動すればよいかを教えることができる。そこでバフィントンは、飼い主のさまざまな欠点を診断して修正するための、「インドア・キャット・イニシアティブ」というオンラインプロジェクトを立ち上げることにした。飼っているネコが何が原因でおかしくなっているかを正確に見極めるのは、簡単ではない。

「トルストイの不幸な家庭のようなものですよ。ネコはそれぞれ異なる理由で不幸なんです。私たちはネコが直面している問題を考えなければならず、それにはあらゆる可能性があります」

和解への第一歩として考えられるものに、縄張りの譲歩がある。バフィントンは、家庭で飼っている一匹のネコに、ひとつの部屋全体を専用に使わせることを勧めている。この中心となる領地には、食べもの、水、柔らかくてくつろげる場所をたっぷり用意し、人間や別のネコは入らない。追い詰められた大型ネコ科動物の用語を借用し、バフィントンはこのようなネコ専用の部屋を「保護区」と呼ぶ。

飼い主のなかには自分で考えてこの解決法にたどり着いた人もいるらしく、おそらく必要にかられてのことだろう。カーキ色の防護服に身を包むことを余儀なくされたダグは、とうとう自分の主寝室を非情なブーブーに明け渡した。「四〇平方メートルほどの部屋にはウォークインクロゼットと四本柱のついたベッドがあり、床から天井までガラス張りの窓からは、美しい渓谷に点在するビバリーヒルズの大邸宅の風景を見渡せる」と、『ニューヨークタイムズ』紙は伝えた。「この特別室はすっかりブーブーのものになったが、ダグは今では週に二、三日は泊まりに行けると話している」

ただし、さらに見識のある多くの飼い主たちはもっと先を行き、家全体を改造する——ネコの熱狂的ファンが好んで使う呼び名を使うなら、ネコの「生息環境」に変える。バフィントン（彼の最新の著書は『あなたの家、彼らの縄張り（*Your Home, Their Territory*）』）と、その他のネコの専門家たちは、ネコ科動物と完全に融和する方針をどのように決めるのが最適かについて、さまざまな（ときには相反する）助言を与えている。

まず、家全体の照明を暗くする。ネコは明るい場所を好きではないからだ。次に、自動調整温度の設定を上げる——ほとんどのネコは、暖かい二九・五度以上の室温を好む。騒音計を使って、響き渡る人の声が、静かな会話レベルより大きくならないようにする。「不愉快と思われるにおい」を消す。

ネコから見ればイヌなどの下位のすべての生きものから発するにおいはもちろんのこと、「アルコール（手の消毒剤）、タバコ、清掃用化学薬品（洗濯用洗剤を含むが、漂白剤のにおいは好むようだ）、一部の香水、柑橘系のにおい」もなくすこと。その代わりに、ネコのフェロモン製剤「フェリウェイ」をスプレーしてもよい。

もし大好きな家具があるなら、アルミ箔、両面テープ、その他の引っ掻かれても耐えられる素材を張る（議論を呼んでいるネコの爪を除去する選択肢は、ネコの気持ちがわかる人によれば、明らかに論外だ）。そして、その家具を動かさない。ネコは模様替えにストレスを感じる。

人間の赤ちゃんが家族に加わる予定なら、前もって飼い主の体にベビーオイル、ローション、その他の製品をよく塗って、ネコが新しい、もしかしたら不快なにおいに順応できるようにする――動物保護のウェブサイトには、誰かの赤ちゃんを借りてきて予行演習するよう提案しているものもある。一時的な来客はまったく歓迎されない。ディナーパーティーがネコを「混乱させ、怖がらせる」とわかれば、主催しようとは思わないだろう。

また、同じものでもネコによって落ち着かせる場合と怒らせる場合があることを知っておく。ジョン・ブラッドショーは、家の窓をすっかり目隠しして、庭にいるライバルが覗き込むのが見えなくなるまで、完全に狂ったように振る舞ったネコについて書いている。だが、決まった窓からの眺めが大好きすぎて、季節の移り変わりによる変化で動揺してしまうネコもいる――その場合は、たとえばにぎやかな秋から退屈な冬に変わったら、魚の入った水槽を設置するか、大型画面で「キャット・ドリーム」のようなタイトルの高解像度ネコ用ＤＶＤを反復再生する。要するに、ネコの餌ポルノだ。バフィントンはまた、自分のネコの餌の好みを確認し――鳥か、昆虫か、ネズミか――そっくりの玩具を家に置くことが大切だと強調している。

さらに、ネコ用トイレを家にひとつだけ用意して、糞をその都度すくい取る方法では、独占欲の強いネコたちにとってはまったく足りないことを忘れてはいけない。計算方法を示す法則で、トイレの適切な数が決まる。一部の専門家によれば家の各階に一個ずつで、別の専門家によればネコ一匹ごとに一個ずつ、プラス余分の一個とされている。

お気に入りのインテリアは？

家をすっかりネコに明け渡すかのようなこのキャンペーンが最も興味深いのは、単なる少数意見や、研究者の夢物語ではない点だ。これは増えつつある一方のネコ愛好家たちから、実際に素晴らしいものだとみなされている。

その一番の証拠は、ケイト・ベンジャミンの「ハウスパンサー（Hauspanther）」のような室内装飾サイトが絶大な人気を誇っていることだ。このサイトはネコ好きと高級デザインを合体させたもので、彼女は新しくてトレンディーなキャットトレディーの旗手になった。私はこのサイトに実際にアクセスしてみるまで、ネコの毛を隠したり、ネコ用トイレのにおいを消したりと、狭いけれど配慮の行き届いた若者に人気の集合住宅でネコを飼うことの問題を最小限にとどめるのが、ベンジャミンの目的だと思っていた。

やがて、ベンジャミンが実際に一三匹のネコを飼っていることを知った。彼女のブログは共通の解決策について書いているのではなく、ダズラー、シンバ、ラツォたちを前にして惨めに降参した様子を綴っている。ダイニングにネコ用ハンモックをつるす！　壁に縦積みのネコ用ベッドを取りつける！　特集されている家具の一部は、人間とネコの暮らしをうまく両立させようとするものだ――たとえばウォールナットのダイニングテーブルでは、人間が実際に食事をするが、ネコのお楽しみ用として中央に一列、ネコ用の草（キャットグラス）が青々と生えている。あるいは本物のソファーもあり、少なくとも名目上は寄りかかることができるが、そうしようとすれば長いネコ用トンネルが隠されていることに気づくだろう。また、インテリアが人間の楽しみのために作られていると思うのは大間違いで、このサイトで見つかるモダニストのフランス製彫刻は、実際には爪とぎ棒だ。

「ハウスパンサー」の得意分野には、必然的にも思えるが、一見するとそうとはわからないネコ用トイレもあり、ナイトスタンドやコーヒーテーブルと兼用になっている（ベンジャミンに必要な数のトイレは、目もくらむ計算によれば少なくとも一四個で、もし二階建ての家に住んでいるなら二八個の可能性もある）。

動物行動専門家として有名なジャクソン・ギャラクシーと共著の、ネコを中心としたライフスタイルを追求したカラー刷りの本のなかで、ベンジャミンはネコの飼い主に「キャッティフィケーション

（Catification）」を提唱した。

「リビングルームにネコ用トイレを置きたくない」のは、ただ美観を損ねるからだけではないと、ベンジャミンとギャラクシーは書いている。それは「ネコへの愛情に共感が足りないこと、そして投資が足りないこと」を示している——「ネコがいることを恥ずかしく思っている」ことにさえなる。それに対してキャッティフィケーションは、「私たちの人間としての成熟」をあらわす。「ネコの言葉」を学ぶこと、ネコのためにリビングのスペースを犠牲にすることは、「私たちの進化のシンボルだ」（ネコのために大幅な改築をすれば、おまけとして、よりよいネコができあがると、「マイ・キャット・フロム・ヘル」の司会をしているジャクソンは確信している）。

向上心に燃えてキャッティフィケーションを実行する人は、自己反省ノートをつけはじめる必要がある。「親なら誰でも自分の子どもに夢を抱く。では、あなたのネコに対する希望は何だろうか？」と、ベンジャミンとギャラクシーは問う。ネコはどんなトラブルに直面するのか、「『大切なネコの立場になってみる』とどうなのか？」。次に、自分の部屋をライオンの巣穴として見てみる——二人掛けのソファーとひじ掛け椅子が並んでいるのではなく、待ち伏せする場所と行き止まりのネットワークで、こっちには「ネコのロータリー」、あっちには「ネコの回転ドア」を設置するチャンスがある。著者たちが最も強くこだわっているのは「ネコのスーパーハイウェイ」だ。高所の舞台とキャットウォークが連なったもので、ネコがそれをたどれば、一度も床に足をつくことなく空間を移動できる。娯楽室の側面に登れる壁を用意したり、床から天井まで続くサイザル麻のポールを立てて爪とぎ棒にしたりできる。ダイニングテーブルの足にロープをグルグル巻いても、爪とぎ棒になる。ＤＩＹの領域にも立ち入ると、人間用のちょっとした家具、たとえばイケアのシェルフユニットなどを利用して、楽しいネコのねぐらに変えられる。

ベンジャミンとギャラクシーは、あまり熱心でない飼い主に、ちょっとだけ苦言を呈することもある。たとえばベンジャミンは、「ベスとジョージの家にはネコ専用のものがあまりなくて、リビングルームにキャットツリーが一個あるだけだ」と言い、ギャラクシーは手で削ったネコ用らせん階段の力作を見て、食器棚の上を通るネコのスーパーハイウェイとつながっていないと批判する。そして何度も何度も、私たちにこう釘をさすのだ。「自分の家のキャッティフィケーションについて考えるなら、第一に考慮すべきは、私のネコは何を求めているか？ということ。そうすればほかのことはすべて、うまく収まる」

ときにはネコが、頭上でブラブラできるように天井に一〇本以上も爪とぎ棒を打ち込むよう求めたり、都会のわずかな屋外スペースをネコ専用パティオに変えてほしいと訴えたりするかもしれない。あるいは、高い場所にある平面から家族写真やその他のガラクタをすっかりどかし、代わりに滑らないマットを敷いてくれれば、ヒョウのように部屋を跳びまわれると持ちかけるかもしれない。

新しい家にチャーチルダウンズ競馬場のような「ネコ用レーストラック」を作った飼い主夫妻は、「リビングルームの装飾を最小限に抑えたかった」と説明する。「（私たちは）壁にはどんなアート作品も掛けないし、壁際には本棚も飾り棚も置かないことに……決めた。ネコが私たちの動く芸術のインスタレーションになると考えた」
夫妻が大切にしているライアス、アーレイ、アーボリナ、スタンレー、アーモ、ディド、ザリア、シモーネ、ダークマター、ルーシー、ヤニは、一も二もなく賛成したことだろう。

素晴らしい新世界

もちろん、ネコたちが小さな縄張りを自分のものにするのがどれだけうまいかを考えれば、私たちの家全体が乗っ取られるのも時間の問題だ。そしてこの占領状態がすでに既成事実になっている場所がある――それは、素晴らしい新世界の予告編かもしれない。

そのひとつはネコカフェだ。この新しいタイプの飲食店は――ウイルスとネコに似たやり方を用いて――ここ一五年ほどのあいだに世界中に広がった。ネコカフェは最初に台湾に登場すると、日本で一大センセーションを巻き起こし、ヨーロッパにも進出した。その後ついに北米に上陸して、初のカリフォルニアの前哨地から長い時間をかけて東へと進み、今では西海岸から東海岸までの主要都市に定着している。店の設計はさまざまだが、おもしろいことに発祥の地アジアの店舗はカフェらしくなく、ネコのシャングリラでもなく、ごく一般的な古いリビングルームのような形式をもつ。

ある民族誌学の説明によれば、ネコカフェは「とても家庭的な空間で、家具、照明、読み物、バックグラウンドミュージックが、よく考えられて配置されているために、誰かのアパートにいるような感覚と雰囲気が醸し出されている」（ありがたいことに、社会科学者がこれらの神秘的な環境の正式な研究を済ませていた）。

もちろん、人間は次々と入れ替わっていく。本物の居住者はネコだけで、人々は列を作って並び、料金を払って一時的に滞在する。客は店に入る前にネコに関するエチケットブックを読み、ネコの顔写真と性格のプロフィールに目を通さなければならないこともある。そのあとでようやく、ネコが毛づくろいしたり夕食を食べたりしている、世にも不思議な現象を目にできるわけだ――どうやら癒し効果があまりにも大きいために、客はよくネコのソファーで眠ってしまうので、カフェには人々のいびきが響きわたっていることが多い（眠っているネコを起こすのは明らかなエチケット違反だが、意識を失った人間の保護については、あまりはっきりしていない）。

ネコのことをよく知っている人なら、ネコカフェはそこに住むネコにとって理想的な場所ではないと指摘するだろう。いつでも好きなときに寄れると思っている見知らぬ人たちは、いやなにおいがするし、撫でて可愛がろうとするのだから。だがこれらの偽のリビングルームは、私たちがネコに無駄な資源を費やし、へつらい、まわりをコッソリ歩き、自分から従属することに喜びを感じるよう、どれほど教育されてきたかを物語っている（ソーシャルサポート理論が奇妙にねじれ、カフェの客は尊大なネコに冷たくされる共有の経験を楽しんでいるように見える。それは公の場での互いの拒絶で、学術用語では、「孤立した客がつながり合える交点または媒介」になる）。

もちろん、次の段階ははっきりしている――ネコが完全に支配し、人間が消え去ったリビングルームのような領域だ。そのような安住の地は、すでに少なくともひとつは存在している。ニューヨーク州の田舎、ハニーオアイに建つ、富裕層向けの「引退ネコ」および「長期滞在ネコ」用施設の「サンシャインホーム」で、二〇〇四年にオープンしたあと、二〇〇八年からは定員いっぱいの入居者で運営されており、今ではこのビジネスモデルに関心を寄せて真似たいという、全国各地からの問い合わせへの対応で忙しい。

ビジネスモデルはとても単純で、暮らし、資金、時間がネコを中心にまわっている、というものだ。「引退」したネコのなかには、実際にはそれほど年老いていないものもいるが、激しい行動障害があったり、「非常に厳密なケアの手順」が求められていたりする。たとえば、はっきりしないアレルギーのせいで体をなめ、放っておくと毛がすっかり抜けてしまうため、いつもエリザベスカラー〔首に巻いて傷口などをなめないようにする保護具〕をつけていなければならないネコがいる。このような動物の飼い主は何年も、あるいはもう永久に、世話から手を引いている。南極で研究に従事している飼い主や、アフガニスタンで請負の仕事に従事している飼い主もいる。飼い主がただ先に世を去った場合もある。

「なかには、どうなったのかわからない人もいますよ。すっかり姿を消してしまったんです」と、オーナーのポール・デューイは言う。彼は以前の飼い主のことを優しく、「オールドマミー」「オールドダディー」と呼んでいる。

月に四六〇ドルという人間並みの料金で――飼い主が前払いで終身ケアの小切手を切る用意がある

場合は、はるかに高額の一括払いで――サンシャインホームの入居者は個室を利用できる。その部屋はマンハッタンによくあるワンルームマンションに匹敵するもので、天井の高さは二・一メートル、一枚ガラスの大きな窓からは、餌になるさまざまな動物を眺めることができる。

デューイは飼い主たちに、自宅からオットマンや簡易ソファなどをもってきてネコの部屋に置くよう勧めている。そして、「最初の契約者のひとりは、マガジンラックや照明器具からレージーボーイ社の椅子まで、自宅のリビングルームをここにそっくり再現していました」と話す。

もちろん、その家具がネコ専用になる点だけは異なる。オールドマミーは、会いたければいつでも会いに来られるし、ひと月に五ドル余分に支払えば、昼夜を問わず前のペットと連絡をとれる無料電話番号をもらえる。ただし、デューイがそっと打ち明けてくれたところによれば、ネコは電話のそばで待ってはいないそうだ。そしてこう言った。

「なかなか暮らしを変えられない人がいますが、ネコはみんな、うまく順応します」

第7章 次世代のネコたち

最高傑作を作る

そのフンワリとした三毛のペルシャは、グランド・チャンピオン・ベラミーズ・デシデラタ・オブ・シネマという正式な名前をもっているが、取り巻きたちからは短くデシと呼ばれている。ワールド・キャットショーの会場で、ドライヤーを使ってきれいに整えられた尻から先にケージから連れ出されるたびに、感嘆した見物人たちからは間違いなく称賛の声が漏れる。「木の幹みたいな足！まーるい体！　ちっちゃい鼻！」

デシはおおまかに見て、完全な円の連続でできている。球形の胴体、ドーム型の頭、一対の小さくて丸い耳、そしてふたつの円が並んだ目のあいだには、かなりの距離がある。ペルシャのなかには反抗的な顔つきのものもいるが、デシの表情は優しい。まるで一セント硬貨のような目に、ずる賢さはまったく感じられない。賞のリボンに飛びかかることもない。ショーのリングで寝たふりもしない。横から見ると顔があまりにも平らだから、まるでへこんでいるようだ。ときおり、パラボラアンテナが信号を追うみたいに、天井の照明を見上げる。

ミシガン州ノバイで開かれたネコ愛好家協会《キャット・ファンシャーズ・アソシエーション》のショーで、出場している数えきれない上等なネコたちのなかからデシを見つけ出すには少し時間がかかる（ネコ愛好家は、ショーに出場するネコの最も熱烈な人間界のファンで、たいていはお気に入りのネコが全国タイトルを獲得するよう応援する「キャンペーン」に、自分の人生の大部分を費やしている）。このコンテストには、世界中から血統書つきのネコたちが集結する。テンションの高いアナウンサーによれば「ネコのスーパーボール」だ。私はどのネコが最高賞の頂点に立つかを予想したいのだが、ショーの仕組みは思ったより複雑なことがわかってくる。競技会場のホールにはブースとリングが、まるで迷路のように連なっているし、一四位の「ベスト」の子ネコのようなあいまいな栄誉を称えるライラックのリボンとミントのロゼットがある。それに、シャルトリューとロシアンブルーの違いは何だろう？

「バリニーズ三二一、最終コールです！」と、スピーカーから耳障りな声が響く。「一番リングではまだ、チャンピオンシップ・プレミアファイナルに、オリエンタルショートヘアー四七四を探しています！」

レンタルスクーターが、コーニッシュレックスから、毛がなくてセーターを着たスフィンクスまで、あらゆる種類のネコを大急ぎで一〇以上もあるショー・リングに運ぶ。メインクーンが、隙あらば触ろうとするファンの手が届かないよう、頭上高く掲げられて揺れながら運ばれていく。

純血種の勉強にどこから手をつければよいのかよくわからないまま、私はペルシャからはじめることにする。ネコ愛好家の世界で長いあいだ、最も競争の激しい――最もフワフワしている――種類だ。

一五〇匹ものペルシャといっしょに過ごしていると、なんだかお祭りで綿あめ製造機の近くに立ちすぎているような気分になる――そして空中に漂うお菓子の毛を吸い込む羽目になる。子ネコは格別に魅力的で、この目のついた小さなポンポン〔毛糸、リボン、テープなどで作った玉房〕をポケットに入れたい思いにかられるが、ほとんどの場合は残念ながら撫でることさえ禁じられている。飼い主の多くは朝の三時から起きてネコの皮脂を取り除き、すっきりさせ、調子を整え、強力ドライヤーをかけて乾かし、整髪料を振りかけてボリュームを出し、エビアンで静電気防止に努めている（たいていの場合、飼い主は自分の身づくろいを犠牲にしてネコのグルーミングに励んでいるのは明らかで、ショーの会場にあるショップには、上等なネコ用シャンプーの隣にペチャンコになった人間の髪をまとめられる実用的なクリップ型の髪留めが並んでいる）。多くの女性の首には入り組んだデザインの金のペンダントが下がっているが、これまでに獲得した賞を示すためのものだ。

ネコ愛好家の世界で最も栄誉ある賞がかかったこの重大な日、ペルシャ好きの参加者は自分のネコの幅広でイングリッシュマフィンのような顔から余分なヒゲを抜きながら、どのネコの「毛がこんなにフンワリ膨らんでいた」か、どの審査員がシルバーを嫌いか、噂話に余念がない。殺し屋の顔つきをしたチョコレート色のペルシャは、毛の先が黒いメレンゲのように尖っていて、勝利の要素を際立って身に着けているように見える。

にもかかわらず、あらゆる種類の毛と噂と不安が飛び交うなか、どのネコが最高の賞に輝きそうかと私が尋ねてみた最初の人は、一瞬のためらいもなく「ああ、あのバイカラーよ」と答えた。競技会でデシと呼ばれているネコのことだ。

正解だった。

「なんて素晴らしいネコでしょう」と、数時間後にデシに該当部門の最高賞を授与しながら審査員が話す。「これまでにも何度かこのネコに会う喜びと、栄誉と、機会に恵まれました。私はこのネコにすっかり心を奪われてしまいました」

「この子の毛を見てください」と、別の審査員が言う。「ちっちゃくて可愛い鼻。ちっちゃくて可愛い耳。ただ見ているだけで、自然に笑顔になります。これは私にとって最高のネコです！」

ライバルでさえ、デシには「輝き」があり、「生きた標準」だと認める。最後に最高賞を授与する審査員は、冷静さを保とうとするものの、デシを目の高さまで持ち上げて顔を正面から見つめたとたん、ほとんど反射的に口がすぼんで、キスをする表情になった。

デシのプライベートケージには、何本もの真珠の紐、シャネル・ナンバー一九の小瓶、「いい子はいつも勝つ」と書かれたプレートがかかっているが、当のデシはそんな安物にはまったく無関心に見える。

「まったくのおバカさんなの」と、飼い主のひとりであるコニー・スチュワートは、うっすらと豹柄の入った眼鏡の縁を光らせながら言う。スチュワートができるだけ謙虚でいようと苦心しているのは、デシのシュークリームのような体形とおバカさんの表情は、誰の目から見ても一〇〇年におよぶネコの人為選択で生まれた最高傑作だからだ。

新たな血統

ショーに出場するネコは、一見すると頂点捕食者としての生態からはかけ離れて、肉食動物《カーニボア》というよりマンガ《カートゥーン》のようだ。この動物の基本となる性質を思い出させるものはあちこちにあるものの――ピンクの天蓋がかかったネコのベッドの横には血なまぐさい肉の袋が置かれ、飼い主の前腕にはところどころ包帯がミイラのように巻かれている――デシのような個体は、人間がついにイエネコを好みに合わせて操作しはじめたという、不確かな証拠のように思われる。

　それでも研究によれば、純血種と呼ばれているネコも、顔のまわりの美しい毛並みを乱さないために礼儀正しく注射器から水を飲むような種類でさえ、通りをうろつくネコとたいして変わらないし、血統書もたいしたことを証明しているわけではない。ネコ好きの人間の活動が登場したのも約一〇〇年前にすぎず、人間の手出しはネコたちの遺伝の軌跡にようやく触れはじめたばかりだ。

　これからまだ二～三世紀後までいじり続けるなら、もしかしたら――ほんとうに、もしかしたら――人間が手を加えた痕跡が強まるかもしれない。それでも未来の世界で手に入るのは、生まれながらに人を喜ばせる美しい姿をした子ネコだけではない。次世代のネコは、デシの温室育ちの血統によってではなく、路地裏や物置小屋で生まれている変異によって定義づけられるかもしれないのだ。それらの新顔のなかには、まったくネコらしい姿ではなく、いたずら妖精エルフやオオカミ人間のようなものもいる。すでに現在出てきている変種にも、そうした生きものがひらめきを与えてきた。

または、誰もが思い浮かべるお馴染みの姿をした新しい品種もいるだろう。

ワールド・キャットショーの少し前、その会場からあまり遠くないデトロイト北東部の荒廃した地域で、ジャングルキャットの模様で手足の長い大型のネコがうろついているというニュースが流れた。どこかの家を逃げ出したサバンナキャットだった。サバンナキャットはイエネコとサーバルキャット（大きな耳をしたアフリカ原産の野生ネコ）の交配種で、比較的新しく作られた品種だが、世界中で人気が急上昇している。このとき目撃されたものは、本物のヒョウのように四〇キログラム以上あったと噂された（実際には一〇キログラムだった）。

「私の赤ちゃんを捕ろうとしたんですよ、ほんとに」と、近隣の人が『デトロイト・フリープレス』紙の記者に語っている。

まるで昔のヒョウ狩りハンターのように、地元の人たちがあたりをうろつくペットを撃ち殺し、死骸をゴミ箱に放り込んだ。

一部は人為的に、一部は生まれ変わりによる、これら獰猛な外見の新しい生きものは、姿を消しつつある親類の遺伝子プールから遺伝子を借用し、愛らしいデシが拒んでいる古代ネコ科の標準を際立たせている。華やかな見かけの新しいハイブリッドのひとつは、私はそれを知ったとき笑ってしまったが、チートーと呼ばれている。

どのような繁殖戦略が流行していくのだろう？　未来のネコは、命令に従うのだろうか――それとも指揮権を握るのだろうか？

純血種とキャットショー

エジプト人は最初のネコの「ブリーダー」と言われているが、組織的なキャッテリー（ネコの飼育所）では特徴的なネコの品種を生み出すことはできなかったようだ。すでに見てきたように、エジプト人が神として崇拝したのは、ほぼすべてが継続的に茶色のトラネコだった。

数千年の時が経って、飼いならしの過程が進み、世界のネコの生息数が飛躍的に増えても、ゆっくりと出現したネコの毛色やその他の変化に注目する人はほとんどなく、ましてや特定の動物に貴族のような血統の主張をすることなどなかった。一九世紀のアメリカではほとんどのネコの飼い主が、純血種のネコという「概念そのもの」に「唖然とした」と、歴史家のキャサリン・グライアーは書いている。

動物の権利運動と同様、その考えが生まれたのはヴィクトリア朝時代だった。一九世紀のイギリス人たちは世界全体に秩序をもたらそうとし、博物学という新しい分野がこの理想を体現した――人間は科学を通して自然の無秩序を制圧するという考えで、同時に野生で最も破壊的な獣を、狩猟で倒した。ヴィクトリア朝時代の人々は、あらゆる生きものに順位をつけて分類するのが好きだったように、子イヌからハトまで、家畜化されたあらゆる動物にも順位をつけて分類するのが大好きだった。

それでも、すでにロンドンや遠く田園地方をうろついていたたくさんのイエネコは、ヴィクトリア朝時代にはじまった純血種のペットのショーから除外されていた。もし登場したとしても、「ウサギやモルモットを展示する際の添え物」が普通だったと、ハリエット・リトヴォは『階級としての動物：ヴィクトリア時代の英国人と動物たち』（国文社）で説明している。

ネコに順位をつけて分類するのはとても難しい。ネコ一般に見られる反抗心はヴィクトリア朝時代のご主人様を幻滅させ、まだ奥地でイギリス人を食べることもあった大型のネコ科動物を思い出させたかもしれない。だが、繁殖上の成り行きもあった。ネコの「夜行性と放浪性という性質から、見境のない自由な交尾をやめさせることは難しい」と警告したチャールズ・ダーウィンは、ネコの純血種という考えを鼻で笑っていた。そして、そんなことが可能なら、人間はミツバチの性生活を支配できるだろうと書いた。

それでも一八七一年にはハリソン・ウィアーという名の芸術家が、水晶宮というヴィクトリア時代の最も誉ある会場で、初の大規模なキャットショーを開催した。「多くの人にからかわれ、ひやかされ、ばかにされた」と、のちにウィアーは回想している。「実験」の日が近づくにつれて、彼自身も不安をつのらせた。「私は心配以上の何かを感じた……いったいどんなものになるのだろうか？　ネコはたくさん集まるだろうか？　何匹？　ケージのなかで動物たちはどんな様子を見せるだろう？　不機嫌になるのか、自由を求めて鳴くのか、食べものをすべて拒絶するのか？　どうやってもその場面を……思い浮かべることができなかった」

ほっとしたことに、ネコたちは行儀よく振る舞い、たくさんの人々が集まり、ウィアーはその努力に対して銀のジョッキを授与された。キャットショーは間もなくイングランドの「隅から隅まで、あらゆる場所に」増えたとウィアーは自慢し、自由を奪われたネコたちは、ときにはマーガリン用の籠に詰め込まれて遠くの競技会場まで送られた。

それでもまだ、混乱した血統の厄介な問題は消えていなかった。ウィアーの最初のチャンピオンは、たしかに美しかった――初期の愛好家のなかには、ショーに出すネコにクリームを塗ってネコが舐めるように仕向け、毛をエナメル皮のように光らせる者もいたし、染料で毛色を際立たせる者もいた。しかし、そうしたネコはすべて、本質的には野良ネコだった。当時のショーは現在知られているブランド名のいくつかを呼び物としていて、長い毛の「ペルシャ」や耳の先や足の先が黒い「シャム」も含まれていたが、自然な遺伝的特徴が少しだけ目立っていただけかもしれない。だがいささか平凡なそれらの生きものたちは、現在私たちが見ているような整った姿のネコとは似ていず、意図的に交配されたものではなかっただろう。せいぜい、路地からすっかり遠ざかった路地ネコという程度だ。また、当時では珍しかったネコたちにも、チワワとグレートデンのような外見の差はなく、だいたいは同じようなものばかりだった。

妨げるものが何もなかったヴィクトリア朝時代のネコ愛好家たちは、ただ単に自分たちでカテゴリーを作り出した。「ほとんどのネコの品種は、生物学的に創出されたものでなく、言葉の違いで生まれていた」と、リトヴォは書いている。「太った」ネコと「外来」のネコ、「さびネコ」と「ぶちネコ」の区分があった。「黒と白のネコ」と「白と黒のネコ」は、まったく異なる生きものと考えられた。一八七八年にボストンミュージックホールで開かれたアメリカ初のキャットショーでは、「雄、雌、または去勢済みのすべての色の短毛ネコ」、「長毛ネコ」、「あらゆる品種の珍しいネコ」が展示された。

毛の長さや模様のような表面的な特徴だけで区別される品種の定義は、あっという間に不安定になることがある。そのような難しさは、最高レベルのネコ愛好家のあいだでは認識されていた。二〇世紀初頭のある審査員は、次のように釘をさしている――ネコの場合、「品種」という言葉は常に「慎重に使われる。外皮や被毛、色や毛の長さがどんなものでも、それぞれの輪郭はほとんど同じだからだ」。草分け的なペルシャのブリーダーは、ペルシャと、いわゆるアンゴラとの違いは自分でもわからず、まったく同じ動物ではないかと疑ったと告白した。

普通のイエネコを区別しようという死にもの狂いの試みが重ねられるなか、ごく初期に開かれたあるキャットショーでは、ワオキツネザルが賞に輝いたと聞いても驚くにはあたらないだろう。その小さな霊長類は、ニャーニャー鳴く出場者たちよりもキャットショーの審査員のほうにずっと近い親戚だった。

ネコとイヌの品種の違い

一世紀がたっても、ネコの飼育はほとんど進歩しないままだった。イギリス人はまともなネコの名門を生み出そうと精いっぱい頑張ったが、第二次世界大戦の混乱がその成果の大半を無にしてしまったようだし、そもそもたいして目覚ましい成果は上がっていなかった。一九六〇年代という最近になっても、ネコ愛好家協会が認めたのは、ほんのひと握りの品種だけだった。現在ある五〇以上の品種のほとんどは、その後に登場したもので、多くはここ二、三〇年のあいだに生まれている。

一方で現代の遺伝学は、最も有名な「自然の」品種のいくつかから、一九世紀の化けの皮をはがす役割を果たした。「証明できるまでは、言い伝えにはあまり注目しません」と、ミズーリ大学のネコ遺伝学者レスリー・ライオンズは言う。遠くの場所と結びつきがあるとされるショー用ネコには、偽りの主張をしていると思えるものもある。たとえば現代のペルシャは、実際にはペルシャのネコではなく、もっと一般的な西欧の血筋につながるネコだ。同じことがエジプシャンマウにも言える。概して異国風のネコの名前は、地理的な現実の場所からはかけ離れている。たとえばハバナブラウンは、キューバとは何の関係もない。

自然の品種のなかには本物の外来の血筋のものもあり、特に有名なのはシャムネコとその親類だ。大昔の交易路の影響によって東南アジアで無作為に繁殖したネコが生まれたらしく、異種交配した可能性が最も高いリビアヤマネコの他の亜種の範囲を大きく超えている。小規模で長く孤立していた集団では、無害の変異が簡単に増殖すると、ネコの遺伝学者カルロス・ドリスコルは言う。それでもアジアの仲間のあいだの品種間の違いは、ほんの二、三の基本的特徴だけで、そのほとんどは毛の色だ。シャムには顔と足に黒い柄があり、バーマンの場合は白で、コラットがブルー、バーミーズはセピア色となっている。

最も単純な遺伝的特性に基づく皮一重の違いが、ネコ愛好家の世界の典型だ。ネコの品種の多くは、まだ想像上のものに思える。特にキャットショーの会場以外では、異なる品種の純血種と呼ばれているネコの多くは、被毛の色だけが異なるクローンのように見える。オフシーズンの「ライオンカット」で、ライオンのたてがみのような顔まわりの毛だけを残して刈り上げたデシは、基本的に、すべてのイエネコのもとになった古代の野良ネコと大差ない――少なくとも、イヌのティーカッププードルとブルマスチフのような違いはない。

興味深いことに、現代のイヌの品種の多くも同じくヴィクトリア朝時代に生まれたもので、毛の色や巻き毛などの表面的な特徴が、ときには近い親戚となる犬種を区別している。だが一九世紀のイヌのブリーダーには、すでに豊かな人為選択の歴史があり、一八七七年にウェストミンスター・ケンネル・クラブが初のドッグショーを開催するずっと前から、実に多くのイヌの姿と性格と体形を――もちろん気性も――生み出していた。

イヌの品種とネコの品種（または品種のなさ）の違いは、人間とこれらの愛玩動物との親密さの歴史を際立たせる。まず、イヌはネコより何千年も前に飼いならされ、そのあいだに人間はイヌに対して選択的圧力をかけ続けた。考古学的な遺跡から、イヌの場合は狩猟採集時代にすでに、異なる大きさのものがいたことがわかっている。

ネコより先にスタートを切ったことに加え、イヌはほとんど飼い主の決定に従うことを求められたが、ネコの場合はそんなことはなかった。イヌは（ネコと違って）人間に大きく頼り、どのイヌが最高の餌をもらえるか、そして——少なくともある程度は——どのイヌがどのイヌと交尾するかを、人間が決めるようになった。その結果として、イヌははるか昔に、自分自身のＤＮＡをコントロールする力を手放してしまったのだ。人間の手に握られたこの遺伝子の引き綱によって、これほど多くのイヌが——アメリカのペットの数のなんと六〇パーセントが——純血種であること、「雑種」と呼ばれるイヌのほとんどすべてが各種純血種の混合であることの理由を説明できる（世界中で純血種の祖先をもっているネコは、二パーセントに満たないと考えられている）。

生き残りの手段を外注に出したりせず、狩りと子育てを自前でこなしてきたネコは、人間のルールなど軽蔑し、余計な手出しなどさせなかった。私たちは、もし望んだとしても、古代のネコの交配を細かく管理することはできなかったはずだ。

それに、たぶん、望みもしなかった。そもそも私たちはネコを飼いならそうとしなかったのだから、異なるネコの種類をうまく誘い出す理由もなかった。イヌのほうが常にずっと実用的に利用できたから、一部はレイヨウを追いかけるように、一部は漁網を引いたり、牢屋を守ったりするようにと、形を変えたい動機も多かった。ただ忠実に従うように交配するだけでも、身体的な違いが生まれたことだろう。驚くほど多様なイヌの頭部の形――ネコにはほとんどまったく見られない家畜化症候群の顕著な特徴――は、従順な子どもの気質を千年にわたって選択してきた副産物かもしれないと、カリフォルニア大学ロサンゼルス校の進化生物学者、ボブ・ウェインは言う。現代の多様な犬種の頭蓋骨はオオカミの子どもと若者のものに似ており、発達のさまざまな段階で停止したのだと、ウェインは論じている（それに対して子ネコとおとなのネコの頭蓋骨の形はほとんど同じで、リビアヤマネコのものとそっくりだ）。

ヴィクトリア朝時代の人々がイヌの外見に大幅に手を加えはじめたときには、すでにあったさまざまな体形を洗練させるだけでよかった。そして現代のポチは実際の任務からますます遠ざかるばかりだが、「レトリバー」や「テリア」が家庭のペットになる運命にあっても、名目上の機能によって今もまだ正式な繁殖の習慣が決まっている。

だがネコの場合には、体形が機能に従って変わることはない。有能だが予測不能な殺し屋の本能以外には、明らかな機能というものもないし、それは農民や家畜の世話係が必ずしも強めたいと思う機能ではないからだ――たとえばネコ科のマスチフを作れば、おおよそライオンを生み出すことになる。

「大型のネコを作るのに熱心な人はいなかっただろう。自分の家の爪とぎ棒に、そんなネコをほしいとは思わないはずだ」と、ウェインは指摘する。

機能上の目的がないから、「誰もがネコを極端な姿にする傾向がある。それが一番簡単だから」と説明するのは、レスリー・ライオンズだ。人間の庇護のもとでは、奇妙な外見の動物が最も多くの交尾相手を手に入れることが多い。現在のトップクラスのペルシャの祖先をたどると、たいていは一九八〇年代に生きた三匹の、おかしいほど顔が丸くて繁殖力の強い雄親に行きつく。そのうちの一匹の名は、ラ ラバイ・アブラカダブラという名前だった。

もしネコ愛好家が外見だけでなく行動の選択に重点を置いたなら、ネコは今よりよいペットになっただけでなく、イヌのように体形も多様になったかもしれないと言うのは、カリフォルニア大学デイビス校のネコの遺伝学者ラジブ・カーンだ。現にいくつかの新しい品種がこの考えをもとにして作られた。ペルシャから生まれたラグドールはおとなしい性格で知られ、オーストラリアンミストは落ち着いた室内の暮らしに向くように作られたと言われている（オーストラリアの野生動物に平和をもたらすと、売り込みの言葉は続く）。それでも今のところ、画期的な進歩はまだない。

「これまで、ネコのブリーダーは楽をしてきたんですよ」と、ライオンズは私に言った。

新品種はどこで生まれるか？

たぶん、イエネコたちが人間の影響下で変わるのをあまりにも嫌がってきたからだろうが、ブリーダーは常に刺激的な新しい素材を求めている。彼らは異国情緒溢れる地で、未知のネコを探す——あるブリーダーはハイチで外見の変わった野良ネコを探しまわっていたと話してくれたし、別のブリーダーはインドの子どもに小遣いを手渡して、「グリッター」と呼ばれるキラキラ輝く毛をもつ珍しい野良ネコを見つけてくるよう頼んだということだ。ソコケという新しい品種はケニアの海岸で見つかったもので、その遺伝子には古代アフリカの交易路の証拠が残されている（残念ながら、見かけはごく普通だ）。

それでもブリーダーたちは、まるで地元のショッピングモールでモデルをスカウトするように、身近なところで才能を探そうとする傾向が強まっている。多くの、いわゆる新品種は、馴染みのある場所で最近見つかった変異に基づくものだ。なかには何百年も前に出現していたが、ようやく最近になって――社会全体でネコへのこだわりが強まるにつれて――珍重され、交配に用いられたものもあるだろう。

だが、世界でイエネコの数が急増したことにより、昔より今のほうが自然に変異の起きる数も多そうだ。そしてまだ正式なイヌの品種のほうがずっと多いとは言え（ウェストミンスター・ケンネル・クラブは約二〇〇の品種を認めているのに対し、ネコ愛好家協会が認めている数は四一にすぎない）、人間が注目して名前をつけはじめるにつれて、ネコの品種が増える速度は増しているように見える。

注目すべき単一変異の新顔は、多くは農場で暮らすネコから生まれており、毛のないスフィンクス（一九七〇年代にいたダーミスとエピダーミスという名の二匹のミネソタのネコの子孫）や、たくさんの巻き毛の変異もそうだ。たとえば、コーニッシュレックス（一九五〇年ごろ、イングランド）、デヴォンレックス（一九六〇年、イングランド）、ラパーム（一九八二年、オレゴン）、セルカークレックス（一九八七年、モンタナ）などがいる。テイラー・スウィフトが飼っていることで有名なスコティッシュフォールド――独特の曲がった耳は、おそらく飼いならしの過程が進んだことを示しているが、軟骨の異常という障害の可能性もある――は一九六一年に発見され、やはり耳が曲がっているアメリカンカールが一九八〇年代に続いた。過去一〇年間だけを見ても次々と新しい品種が加わっていて、その多くはまだ正式に認められていない――ブルックリンウーリー、ヘルキ、オホス・アズレスなどだ。

最も議論を呼んでいる新顔のひとつは――ある大規模なアメリカのキャットクラブでは歓迎されているが、ほかのクラブからは敬遠されている――マンチカンだ。ごく小さく、ルイジアナ州レイビルのトラックの下で最初に見つかった。足が極端に短いこの雌ネコの子孫は大人気だが、一方ではネコの世界の「ミュータントソーセージ」と非難もされている。

普通の長さの半分しかないマンチカンの足は、ほかの多くの品種の特徴と同じく一個の顕性（優性）遺伝子に基づいているのだが、イエネコの体形にこれまであらわれた最も大きな目に見える変化のひとつだ。これを一九九五年に国際ネコ愛好家協会が品種として認めたことで、著名な審査員が辞任している。

しかし現在のところ、最も風変わりな体形で、最も大きな騒ぎを引き起こしている新品種は、テネシー生まれのライコイだろう――オオカミ人間ネコとして、広く知られているネコだ。

オオカミへの変身

テネシー州スウィートウォーターのゴブル夫妻は、実質的になんでもかんでも育ててきた。フランスの黒トリュフ、日本の闘魚、材木用の樹木、ネクタリン、カタツムリ、キンカチョウ、ヨークシャテリア、クォーターホース、ミフウズラ。リビングルームにある巨大でぼんやりした水槽が、最近ようやく幕を閉じたヤドクガエルへの熱中を物語っている（「ただ増え続けるだけでした」と、ジョニー・ゴブルは暗い表情で話す）。ただし、純血種のネコを育てることには比較的最近まで興味がなかった。このような田舎の酪農場では、純血種のネコという考えはまだどこか驚きをもって迎えられる。

「このあたりでネコを買う人なんかいませんよ」と、獣医のゴブルは話す。「近所の物置に行って連れてくるだけですから」

でも好奇心がゴブルと妻のブリトニーを動かし、夫妻はついに毛のないネコを一匹購入した。ふたりが有名なブリーダーになり、ブリトニーが『オウンド・バイ・ア・スフィンクス』というネコの雑誌にまで登場したのは、それから間もなくのことだ。

二〇一〇年、ふたりはスフィンクスのブリーダーの情報網から、アパラチア山脈の反対側にあるバージニア州の保護施設に、二匹の「醜いスフィンクス」がいることを伝え聞いた（ゴブル夫妻は、賞をとるほどのスフィンクスでも、従来の考えでは魅力的な生きものではないと認めている）。それらの痩せこけた迷い子ネコの場合、スフィンクスでもいくらかの産毛がある足先、鼻、耳にまったく毛がなかったが、そのほかの場所には毛が生えている奇妙な姿をしていた。

はじめてその子ネコたちを見たとき、ゴブルはスフィンクスではないと判断した。ただの野良ネコが白癬か疥癬にかかったのかもしれないし、先天性の異常をもっているのかもしれない。

「ほとんどの獣医は、こういうネコを見ると即座に『去勢しなければ』と言います」と、ブリトニーは当時を思い出して話す。

だがジョニーは、その不思議な裸のネコが病気だと断言もできず、金色の目と、わずかに残っている珍しい葦毛色の毛を気に入った。新たな変異の可能性もあり、もし健康であることがわかったら繁殖させたいと思った。

「彼はちょっと変わっているんです、夫のことですよ、ほんとうに」と、ブリトニーは言う。

そこでふたりはネズミのような雄と雌の二匹の子ネコを、その母親の、ごく普通の黒ネコといっしょに手に入れた。だが、ゴブル夫妻の幸運はまだはじまりにすぎなかった。数か月後、スフィンクスのブリーダー仲間がナッシュビルの近くで、部分的に毛のないそっくりの二匹のネコを見つけたのだ。こうして血のつながりのない子ネコが加わったことで、夫妻は近親交配の障害を気にすることなく、繁殖プログラムを開始することができた。

やがて、本物のブレークスルーが続いた——強烈な販売戦略だ。「はじめ、私たちはこのネコたちをキャポッサムと呼んでいました。オポッサム（フクロネズミ）とネコを掛け合わせたように見えたからです」と、ジョニー・ゴブルは当時を振り返った（最初に生まれた子ネコのうち一匹には、オポッサム・ロードキルを短縮してオーピーという名前をつけた）。さいわい、それよりもっと目を引く特徴が人々の関心を集めることになる。濃い色のわずかな毛のあいだから見える青白い皮膚、人間に似た毛のない顔と、それを環状に囲む毛によって、このネコは時代遅れのオオカミ人間が変身している途中のように見えたのだ。そこで、ギリシャ語でオオカミを意味する「ライコス（Lykos：リュコス）」から、「ライコイ」という品種名に落ち着いた。

詳しい皮膚の検査と心臓のスキャンを繰り返し、どちらで見つかったネコも健康であることが証明された。ただしゴブル夫妻には、その変異が遺伝性のものかどうかはわかっていなかった。二〇一一年、一方の雄と他方の雌を交配すると、全身に立派な毛の生えた雌の黒ネコが一匹生まれ、ふたりはすっかり意気消沈した。ところが生後二、三週間すると、少しずつ毛が抜けはじめた——ゴブル夫妻が今では「オオカミへの変身」と呼ぶプロセスだ。ふたりはそのネコを、ルーマニア語で「オオカミ」を意味する「ダシアナ」と名づけた。

ゴブル夫妻はネコ遺伝学者のレスリー・ライオンズと協力し、背後にある遺伝的な性質を突き止めようとしているが、ライコイはひとつだけの遺伝子に基づく、新たな潜性（劣性）形質に依存しているように見える。彼らの繁殖活動にとっては幸運なことに、この変異はアパラチア山脈周辺以外でも出現しており、ふたりがこの品種の創出を手がけた数年後には、世界中で何十組というライコイの子ネコが見つかり、「ほとんどすべて、保護施設か大型のゴミ箱のなかにいた」とジョニー・ゴブルは話す（大急ぎでネコたちを手に入れないと、懸念した獣医たちが普通、すぐに去勢してしまう）。

すべては数の問題で、地球上にいるネコの数が多ければ多いほど、変異の選択肢は大きく広がる。だが、ライコイがこれほど多く見つかって珍重されるのは、人間のネコへの執着が強まっている証拠でもあるようだ。この変異はしばらくのあいだ身のまわりで見られたものだろうが、それを発掘するにはネコ好きの文化が必要だったし、たくさんの人がネコに夢中になるインターネットがなければ、同じように変わった外見のネコをもつ飼い主が互いに会うこともなかっただろう。

ゴブル夫妻は自分たちの家とジョニーの動物病院にある小屋を使って、今では正真正銘のオオカミ人間農場を営み、（当惑しているに違いない）近隣の酪農場と同じように米国農務省の認定も受けている。ネコ用トイレに毎月六〇〇ドルほどを支払うとともに、フルタイムで数人の従業員も雇っているが、彼らの最も大切な仕事は部分的に毛のないネコを可愛がることだ。

スタンダードのライコイはまだ世界中に五、六〇匹しかいなくて、キャットショーに出場する権利も最近手にしたばかりだが、そうした状況は変わろうとしている。自分自身を「非常に野心的な男」と呼ぶジョニーは、農場で生まれたネコを世界中に配送する。カナダ、イングランド、イスラエル、南アフリカに繁殖拠点をもち、私が夫妻のもとを訪ねたときには、一匹のライコイがオーストラリアへの旅に向けて検疫を受けているところだった（ネコの問題を抱えているオーストラリア環境省がオオカミ人間ネコの到着をどのように歓迎するかは、まだ誰にもわかっていない）。

この稀少なネコのお値段は一匹あたり二五〇〇ドル、そしてオオカミ人間ネコの飼い主になるには数百人の待機列に並ばなければならない。

天性の芸能人であるゴブル夫妻は、私も長いあいだ待たせたままにしておき、ようやくのことでリビングルームに三匹のライコイを連れてきてくれた。毛のない鼻と口まわり、うつろな表情、レモンドロップのような目に、すっかり引きつけられる。しかも、茶色の鼻にそっと指で触れると、予想もしなかった輪ゴムのような風合いだ。

ゴブル夫妻によれば、このネコたちは珍しくイヌに似た行動を見せ、シカの芳香や、お菓子の包みのカサカサする音に夢中になるという。それでも一番のポイントは、やはり「つかみどころのない」外見だ。ネコたちの足先をよく見ると、人間の手に似ていて、ゴワゴワしたオオカミの毛が生えはじめている。

「研究所に来て火をつけたいと言う、嫌がらせのメールが来るんですよ」と、ブリトニーが言った。ネコを見つめる私の視線に気づいたせいかもしれない。

「そうなんですよ」と、ジョニーも相槌を打つ。「そういう人たちは、ぼくがネコを作ったと思っている――試験管のなかでね!」

ライコイは今のところ健康そうに見える。だからと言って、必ずしも独力で生き延びられるほど元気だとは限らない。スフィンクスは、キャットショーの前になると繊細な皮膚を守るためにクッション壁の部屋に閉じ込められることがあるが、ライコイは寒さに極端に弱く、温暖なテネシーの気候のなかでも屋外にずっと置けば命とりだろう。さらにこのオオカミ人間ネコは、直射日光に不気味なほど敏感だ――窓際で日光浴を楽しむと、白く滑らかな皮膚にすぐ染みができはじめ、数日中には人間のひどい日焼けのように真っ黒に変わる。

新しい品種は、交配によってさらに奇妙な姿になる傾向がある。たとえばスフィンクスとアメリカンカールを交配して生まれたのが、まったく毛のない、縮れたような耳をもつエルフキャットで、ミーアキャット〔アフリカに住むマングース科のミーアキャットとは無関係な、ネコ科の交配種の名〕はいくつかの新顔を混ぜ合わせて生まれ、尻尾がなく、足が短い。既存のすべての純血種が「マンチカン化」していくという、非常に議論を呼ぶ動きが加速しているようだ。

最近の品種には明らかに醜いものもあり、たとえば一般にトゥイスティキャットと呼ばれるスクィッテン（squitten）の場合、グロテスクに曲がった骨がリス（squirrel）のような印象を与える。それでも、どれが行き過ぎかを判断するのは難しいことがある。

レスリー・ライオンズは、あるテストが可能ではないかと考える。「すべてのネコを自由にしてやって姿を消し、五年後に戻ったとしたら、どのネコがまだ生きているでしょうね？　スフィンクス？　私にはわかりません。ペルシャ？　どうでしょう」（一方でライオンズは、ひどく非難を浴びているマンチカンは、自力でうまく生きられるのではないかと予想している）。

ワールド・キャットショーで、私は一匹のペルシャが逃げようとする瞬間を目撃した。グルーミング用の台から優雅に飛び降りたものの、そのあとどうすればよいかわからず、ただまごついていた。真ん丸のヘッドライトのような目は、光ることなく、ぼんやりしたままだった。

たいていの場合、頑丈な野良ネコから遺伝子を二つか三つ取り除いただけなのに、現代の品種の一部は、何よりも根源的なネコの特徴を失ってしまったように見える。それは、生き残る能力だ。

イエネコ×野生ネコ

ただし、すべてのネコではない。人間はこうした虚弱なネコの変種を世話する一方、家庭に別の品種も招き入れている。それはイエネコと、ジャングルから出てきて数世代しかたっていないさまざまな野生種とのハイブリッドだ。

ハイブリッドキャットのブリーダーにとって、ネコの美学に偶然はない。手本とするのは、近所に置かれた大型のゴミ箱のうしろからあらわれる風変わりな姿ではなく、大型ネコ科動物の生態だ。ほとんどのブリーダーが、イエネコを勝手気ままに極端な姿に近づけようとしているならば、ハイブリッドのブリーダーはネコ科動物の本質を残すことに努めながら、飼いならしによって加わった性格を消してしまうのではなく、外から見えなくしようとする。彼らが作り出した品種の名は、トイガー、パンサレット、チートーと、姿を消してしまった森の王者たちに敬意を表するものだ。実用的な理由から、通常はイエネコを野生のネコのなかでも小型の種と交配させるが、ハイブリッドブリーダーの夢は大きい。

「最終的に目指すのは、野生に見えながら飼いならされている、最も美しい品種を創ることですよ」。こう話すのは、イエネコとアジアのヒョウの系統をかけあわせた品種のブリーダー、アンソニー・ハッチャーソンで、その品種の名は絶滅の危機に瀕しているトラをあらわす「ベンガル」だ。「キャットショーで優勝するのは素晴らしいことですが、姿は小さなヒョウやジャガーやオセロットなのに、キャットフードを食べて人を見るとゴロゴロ喉を鳴らす動物を生み出すほうが、もっとやりがいがありますよ」

「森から歩み出て、そのまままっすぐ子どもの腕に抱かれたように見えるネコを創りたいんです」と言うのは、チートーの生みの親のキャロル・ドリモン。チートーはやはりアジアのヒョウとイエネコのハイブリッドで、体の斑点模様、ジャングルを闊歩するような歩き方、そして（私は聞いてもまったく驚かないが）驚くような大きさで知られている。チートーの雄のなかには一四キログラム近いものもあり、赤茶を帯びたものも含め、さまざまな色のものがいる。ドリモンはチートーに赤肉と固ゆで卵を与えて体重を増やす。

ハイブリッドのブリーダーたちは、両耳のあいだの角度は四五度と六〇度のどちらが最も適切か、理想的な鼻の定義は何か、多くの大型ネコ科動物の顔にある真っ白な模様をどうすれば真似できるかと、議論を重ねる。難題のひとつは、ベンガルの耳のうしろに白い斑点を加えることだ。大型ネコ科動物の多くにこの白い斑点があるのは、おそらくつき従う子どもたちが、野生のなかで自分の母親のあとを追いやすくするためだろう。イエネコには斑点がない。

だが、飼いならされた性質が一定の体の特徴と関連づけられているように、野生的な外見には、より野生的な性質が伴うかもしれない。科学者たちは、動物の特定の体形が行動を予測させるものかどうかを、知りたいと思っている。つまり、（家畜化症候群に沿って）生まれつき耳がだらりと垂れた、飼いならされたギンギツネは、野生と同じまっすぐに立った耳をもつ子ギツネより、従順な性格をしているのだろうか。

たしかなのは、膝にのる物静かなヒョウを生み出すのは、思ったより難しいということだ（たとえば、私が数か月前に獣医のメロディー・ロウルク＝パーカーの家の地下で会ったネコたちも、やはりアジアのヒョウとネコの交配種で、多くはジャングルでの暮らし方をほとんど手放してはいなかった）。一九七〇年代に生み出された純血種のベンガルは野生の祖先から数世代離れており、受け継いだ野生の遺伝子は一部だけ、一般的には一二・五パーセント以内だった。だがそれでも、カリフォルニア大学デイビス校の動物行動学者、リネットとベン・ハートが発表した研究によれば、他のイエネコとはまだ行動が異なっていた。ベンガルは飼い主や見知らぬ人に対して攻撃的に振る舞いやすく、トイレを無視し、家じゅうにおしっこを撒き散らすことで悪名が高い。

それでもまだ、ベンガルはハイブリッドのなかでは最もおとなしいとされている。デトロイトの人々を怖がらせた、サーバルキャットとの交配種であるサバンナキャットは、今では一部のキャットクラブで「最高の品種」とみなされ、高貴なペルシャやシャムと並んで展示されている。しかし、最近の「マイ・キャット・フロム・ヘル」で紹介されたエピソードによれば、サバンナキャットは金属棒をかじったり、飼い主のスカイダイビング用パラシュートをめちゃくちゃにしたり、台所のレンジフードの上を歩いて司会者のジャクソン・ギャラクシーに叫び声をあげさせたりしていた。

ハイブリッドのブリーダーでさえ、小型なら野生ネコでも交配に適していると誤解している。ドリモンは、一部の種には「態度の問題」があると言う。ジェフロイネコは可愛らしい斑点のある野生のネコ科動物で、新しいサファリ・ハイブリッドの品種の親になっている。だがこれも、ドリモンの考えでは、「森に残しておくべき、悪魔のような小さな生きもの」だ。

これらのネコを森に残しておくべき理由は、ほかにもあるだろう。国際自然保護連合（ＩＵＣＮ）はジェフロイネコを、一部の生息地で危急種〔絶滅の危険が増大している種〕に指定している。ハイブリッドの交配に利用されているそのほかの小型ネコ科動物には、サンドキャット、ジャガーネコ、マーゲイなどがあり、どれも野生で繁栄しているとは言えない。いくつかの交配プログラムはアジアのスナドリネコを利用しており、これもＩＵＣＮのレッドリストで絶滅危惧種に指定されている。

交配に使われる野生種の親はすでに人間に飼われているのが普通だから、自然界の生息数を直接減らすことはない。それでも一部の自然保護論者は、力のあるイエネコに、消えつつある血統を薄めさせる筋合いはないはずだと考える（避けられるなら避けるべきだろう。野生で暮らす多情なイエネコがすでに、それらの野生ネコ科動物の親戚をハイブリッド化している。たとえば、絶滅危惧種のスコティッシュ・ワイルドキャットなどだ）。

ハッチャーソンをはじめとしたハイブリッドのブリーダーは、ミニチュアのヒョウといっしょに暮らせば、人は絶滅の危機に瀕した大型ネコ科動物の窮状に敏感になるだろうと主張してきた。だが実際にはその逆になりやすい。野生ネコ科動物の血を薄めれば、絶滅の危機に瀕している種がごく当たり前にいるように見え、実際には人間が組織的に破壊している生きものに対して、十分な思いやりがあるような錯覚を生み出すからだ。ハイブリッドの創出は野生のネコ科動物がもつ神秘的な雰囲気を明らかに侵害するもので、今となってはそうした雰囲気だけが彼らのもつ値打ちのすべてなのだ。

ハイブリッドはさらに、大型ネコ科動物にとって頼みの綱である隠れ家をも侵害する。予測のつかない行動をすることに困り果てた飼い主は、高価なペットを飼ったことを後悔し、手放すことが多い。その行先は通常の保護施設とは限らない。最後には、虐待されていたサーカスのライオンなどを救うために作られた、厳しい財政で維持されている野生ネコ科動物の保護区に引き取られることもある。

一部の保護区は、迷惑なベンガルとサバンナキャットが殺到するようになったために引き取りを拒否しはじめ、困惑した飼い主には、自宅のガレージを半分野生のイエネコのための「暖房つき巣穴」に改装する方法を教えるようにしている。ハイブリッド専用の保護区もオープンした。たとえば南カリフォルニアのウェイイジナーにある一六エーカーのアヴァロファームで、ここは最近、周囲のフェンスを補強するために基金を募集していた。

すべての飼い主が、てっぺんに四五度の角度をつけた特別あつらえのバリケードを用意する金銭的余裕があるとは限らないから、これらのネコはときどき逃走する。デトロイトをうろついていた不運なサバンナキャットのほかにも、逃げたハイブリッドがラスベガスで屋根の上をこっそり歩いていた、シカゴの郊外の使われなくなった農場を闊歩していた、メリーランド大学のバスケット競技場を見張っていたなどと伝えられている。こうした動物の一部は、セレンゲティの奥地でアカシアの木の下に寝そべっているほうが、はるかにお似合いに見えるはずだ。

ある一〇月には、ことさら大柄で斑点のあるハイブリッドがデラウェア郊外をうろつき、怖がる親たちはハロウィンでも子どもを家から出さないようにしようと考えた。

そのネコの名前は、偶然にも、「ブー〔ハロウィンで相手を脅かすときに、ブー（boo：わっ）と言う〕」だった。

数百万年後のネコの姿

ただし、人間が作るどんな流行よりもイエネコの将来にとってはるかに重大な意味をもつのは、イエネコたちが自分で自分をどのように変えていくかだ。どれだけ多くの野良ネコが去勢されても、ペットがどれだけ閉じ込められても、人間による交配がどれだけ器用になっても、大半のネコたちには人間による選択の手は届かない。ネコたちはもっと大きくなるのだろうか？　もっと厚かましくなるのだろうか？

場所によっては、すでにそうなっているようだ。生物学者のルーク・ダラーは人目を避けて暮らしているフォッサを調べた。フォッサはマングースに似た稀少な肉食動物で、マダガスカルの食物連鎖の頂点にいる。一方、アフリカのこの巨大な島にいるネコは外から持ち込まれたもので、ほとんどが弱々しいペットとして農村で暮らす。「ガリガリに痩せて、華奢で、寄生生物だらけで、実にかわいそうなものだ」と、ダラーは言う。

だが一九九九年に、内陸部の森に隣接した焼き畑の農地を詳しく調査したとき、ダラーが肉食動物用に仕掛けた罠には、それとはまったく違って見えるネコがかかっていた。当時を思い出しながら、ダラーはこう話した。

「それは私たちに背を向け、ほとんど吠えるように鳴きました。ほんとうに大きくて、できるなら私たち人間を八つ裂きにしそうな勢いでしたよ――『来るな！』って叫んでるようでしたね」

「すると、また次に別のが捕まりました。また次もです。そうやって何十匹も。『まさか』の状態でしたよ」

ナショナルジオグラフィック協会の大型ネコ科動物保護プロジェクト「ビッグキャット・イニシアティブ」の責任者をしているダラーは、ネコ科動物のことを少しは知っている。だがそのたくましいネコは、地元のペットとは似ても似つかなかったので、珍しくDNAを調べてそれがイエネコであることを確認した。さらに体重と体長も測定し、「解剖学的に、明らかに異なっていました」と話す。大きくて強く、健康状態も見事で、寄生生物はほとんどついていなかった。村のネコには、三毛、黒、赤茶とさまざまな毛色のものがいたが、森のネコは例外なく灰褐色のシマネコで、何本かの黒いトラ模様が入っていた。マダガスカルの住人は、これら二種類のネコをそれぞれ違う名前で呼び、別の種類の動物だと思っていたことがわかった。

しかし、白人の探検家が何世紀も前にこれらのイエネコを島に持ち込んだにせよ、もっと最近に村から逃げたにせよ、集団を自然に変えてしまう大きな遺伝的変化が起きる時間はなかった。それには数千年という時間がかかる。

森に住むネコの外見の違いは、はるかに短期間の、ライフスタイルの選択の結果にすぎなかったのだ。「誰からも餌をもらえず、自然の力をもろに受ける状況」では、カモフラージュに適した体の大きいネコが急激に増えるだろうと、ダラーは言う（同様に、赤茶色のネコはオーストラリアの赤みを帯びた砂漠を席巻し、灰色と黒のネコは陰影のあるジャングルで暮らす）。そして、「キャットフードも、レーザーの玩具も、トイレもありませんからね」と続けた。変わり者や体の弱い者は自然のなかでは若くして死ぬ。強い者が生き残って、可能な限り最も健康な集団ができあがる――ありのままのイエネコだ。

ダラーは、マダガスカルのネコが何を殺して食べているのか詳しく調べていないが、「あらゆるもの」だという確信がある。ネコがマダガスカルに住むキツネザルのシファカを殺していることを裏づけるために、ダラーの同僚はかつて古代のヒョウが初期の人間を食べたことを示す目的で人類学者が利用したものと同じテクニックを用い、死んだサルの頭蓋骨に残っていることがある不思議な穴に、ネコの犬歯がピッタリ合うことを確かめた。

これらのイエネコは、野生でのよりよい暮らしを求めて人間の家を見捨てたように見える。それでもまだ、家庭で身につけた遺産も利用しているようだ。表面上は少し違って見えるものの、家にしばりつけられたままの仲間と同じ、小さくなった脳をもち、何世代かを経て被毛の色といった表面的な飼いならしの特性が消えてはいても、認知力の変化はそのまま保っている。マダガスカルの焼き畑農地〔焼き畑農業では、畑↓畑の放棄・休閑↓そこに育った樹木の伐採・焼却↓畑というサイクルを繰り返す〕という、文明と自然のはざまで暮らしているために、人間をそれほど恐れない。たとえばほんとうの野生動物とは違って、ダラーの罠にためらうことなく近づいた――特に、捕らえられても必ず解放されると気づいてからは、まったくためらわなかった。同じネコが何度も捕まったので、名前をつけたほどだった。「私たちはシルベスタを、三週間ぶっ続けで毎日捕まえたんですよ」と、ダラーは驚きを隠さない。「シルベスタは喉を鳴らすことも、私たちの足にしがみつくこともせず、とにかく何もしませんでしたが、『この箱に入れば、餌を食べられ、翌日にはあの人たちがきて外に出してくれる』と考えていたわけです」

巨大化したイエネコの報告はほかの場所からも、とりわけオーストラリアから聞こえていて、その噂は一九世紀の植民地の記録にまでさかのぼれるし、もっと最近では巨大ネコの死骸の写真がインターネット上で広がった（もっとも、これらの巨大と言われているネコが、特に小柄なアボリジニと並んで写真を撮られていたのかどうかは、はっきりしない）。たしかにこのような生きものは、「エセックスのライオン」などの被害妄想気味のエピソードでは、私たちの想像のなかを縦横に歩きまわる。

数百万年後には、本物の進化の跳躍が起きるかもしれない。剣歯シャムの可能性もゼロではない。

過去四〇〇〇万年のあいだに、ネコのような動物からは何度も剣歯が生えており、最後の剣歯虎がロサンゼルスから消えたのは、たった一万一〇〇〇年前のことだ。科学者たちは偶像的な歯をもつ動物の再現を、十分に予測している。

明らかに進化の先頭を走っているのはウンピョウで、その頭蓋の特徴は、絶滅した剣歯虎とそっくりだ。だがもちろん、今残っているウンピョウは数千頭のみだから、それらがこれから七〇〇万年も生き残るようには思えない――科学者たちは、次世代の剣歯が生えるのは七〇〇〇万年後だろうと見積もっている。

剣歯虎の後継者については、「私ならイエネコに賭けますね」と、「ラ・ブレア・タールピッツ」の古生物学者クリストファー・ショーは私に言った。

ショーは冗談を言っているのだろう。それでも、六億を超えてなおも増えているネコの数は、実験には十分な余地を残している。

攻撃的なネコより柔和なネコが生き残る

だが、イエネコが進化する未来の最も興味深い側面は、どれだけ変わるかよりも、どれだけ変わらないかという点かもしれない。

結局のところ、イエネコはすでに私たちの時代に完璧に適合し、食物連鎖の頂点に悠々と収まっている。病気の大流行を除けば、「世界のほとんどに広がっている状況のなかで、イエネコに対する選択圧〔淘汰圧〕は無視できるものです」と、ネコの遺伝学者カルロス・ドリスコルは言う。「イエネコを狩る動物はいません。自分の好きな色になることができます」――人間の集落で暮らしていても、その外の自然が失われつつある環境で暮らしていても――イエネコがすでに支配しているからだ。

それに加えて――少なくとも多くの現代の環境では――イエネコが必ずしもより大きく、より厄介な、より恐ろしいものになるとは限らないことを示す、いくつかの証拠がある（何しろライオンもトラも、腕力だけではあまりうまくはいかなかった）。拡大する都市で人間とイエネコの数が増えるにつれ、大型で攻撃的な動物は不利な状況に置かれる。そのことをフランスの野良ネコの研究が明らかにした。

その研究ではネコの毛の色、特に赤茶色のネコに注目した。毛の赤茶色は、性別に関連した特性と（赤茶色をしたネコは、雌より雄のほうが多い）、行動を見るときの目印、大きさと強さのサインになる。赤茶色の雄はほかの色の雄より、重くて攻撃的な傾向が強い（私もついでながらチートーを通して確かめられる、経験的知識だ）。

フランスの研究者たちは、ネコの生息数が少ない田園地方では、これらの大型の赤茶色のネコが、多くの場合はライバルを撃退して雌を独占できることを発見した。

ところが、ネコの生息密度が一〇倍高い都市では、次々とやってくる求婚者を戦いで勝ち取ることができず、最高の戦略はできる限り多くの雌と交尾し、侵入者を礼儀正しく無視することになる。だが赤茶色の雄は戦いに時間を費やしすぎて交尾の時間が足りないらしく、その遺伝子は、小柄でおとなしい黒ネコとブチネコほど多く受け継がれない。

結局のところ、おそらく柔和な者が世界を、少なくとも路地を、受け継ぐ。

ネコのダイエットは難しい

イエネコの美的な将来に関する限り、ひとつだけ請け合うことができる。ネコはどんどん太っていく。遺伝子ではなく環境のせいで、この効果は非常に徹底したものだ。アメリカで飼われているペットのネコの六〇パーセント近くが太り過ぎまたは肥満で、科学者は丸々と太った野良ネコがいることも報告している。一四キログラムのブッダ、一六・三キログラムのミートボール、一五・八キログラムのマクロビンと、次々に巨大なネコのニュース記事が見つかる（健康的なネコの体重はこれらのネコの約四分の一だ）。

これまでのところ、このような余分な脂肪はすべて、人間がネコの体形に対して与えている最大の影響だ。実際、人間の周辺で暮らす動物の多くはどんどん太っていて、ボルチモアの街にいるネズミさえ、広い視野で見れば人間が提供する心のこもったゴミのおかげで、今では四〇パーセント重くなっている。だがイエネコは極端な例で、それには餌の皿でもゴミ箱でも口にする食べものがどんどん豊かになっていることに加えて、人間に起因するさまざまな理由がある。ネコを室内に閉じ込めているために運動量が減り、不妊・去勢手術が代謝率を下げている。そしてネコはデリケートな超肉食の生態をもつため、ダイエットは非常に難しい。

私はテネシー大学獣医学部を訪ねることにした。そこでは最近、動物の肥満の専門家たちが、必要に迫られて二一世紀のネコのために部分皮下脂肪指数（ＢＦＩ）の新しい表を作成していた。旧版では最高値を体脂肪率四五パーセントとしていたが、現代の顧客にはまったく役に立たない。そこで新版では、最高値を七〇パーセント以上に引き上げた。研究者たちは――当然のことながら――赤茶色のネコの絵によって肥満の各段階を図示している。単なるボッティチェリ風のふくよかさから、おデブさんと呼べるほどの肥満、最後は完全な球形まであり、そうなると「頭と肩の区別がつかず」、肋骨に「触れることができない」。

だがこの拡張版の指数でも役立たないことがある。ネコの飼い主は最も太っているネコでさえ痩せていると、断固として誤って分類することを、研究が示しているからだ。相変わらず、私たちには自分のネコのありのままの姿が見えていない。

たぶん私たちがネコを太らせてしまうのは――研究の結果でもわかっているし、ネコの飼い主はみんな心の奥底では知っていることだが――ネコが飼い主に最も注目してくれるのは餌を与えるときで、私たちはネコに好かれたいからだ。あるいは、単にネコに嫌われたくないだけかもしれない。腹をすかせたネコは、イヌよりも「粘り強く」主張して要求を繰り返し、一三キログラムを超えたネコによる脅しは冗談ではすまないと、ネコの肥満の専門家アンジェラ・ウイッツェルは私に言った。

ネコの太り過ぎは、ネコによる継続的な環境負荷を想定外に強める可能性もある。目のくらむような見積もりによれば、アメリカにいる一億匹ほどのペットのネコは、一日に三〇〇万羽のニワトリに相当する食べものを消費する。だがそれは、一匹が一日に肉を約五七グラムだけ食べると仮定しての計算だ。おそろしく太ったネコではカロリーの必要量も増大するだろう。その分は、近所の不運な鳴き鳥か、遠く外洋で捕まった魚の缶詰によって満たされることになる。

さらに細かい目盛りの物差しがあっても、ここで物語の全容を明らかにすることはできず、特に物語がどう終わるかはわからない。すべての生命体にとって最後のフロンティアはインターネットで、そこでは生きものが重さではなくピクセルによって構成されているからだ。この広大で新しい仮想の縄張りを勝ち取るために、イエネコは――この頑固な超肉食動物が――肉をすっかり超越した。

第8章 なぜインターネットで大人気なのか

別の体に入り込む魂

そのネコは、残念ながら私を歓迎する準備がまだ十分に整っていなかったので、私はコンシェルジュに案内されたガラス張りの優雅なラウンジで、ソワソワしながら待つ羽目になった。このマンハッタンのホテルは――インターネットで大人気のネコ、リルバブの贅沢な住みかになっているのだが――洒落たソファーに人造のバイソンの皮を置いた装飾が目を引き、棚には博物学の本がぎっしり詰まっている。たぶん背表紙で選んだのだろう。

私は『地球の生きものたち』というタイトルの本を手にとった。ページを繰ると、一頭のチーターがヌーの群れを襲っている写真があり、大型ネコ科動物が選んだ犠牲者は襲撃を予期して、頭を低く垂れているように見えた。「狩りをするすべての動物のうち、ネコ科は最も肉食に特化している」と説明がある。ネコ科の歯は「食肉解体用の道具」だ。

だが、リルバブには歯がない——一本も生えてこなかった。特異体質はそれだけではない。下顎は未発達で、大腿骨は曲がっている。膀胱もときどき機能障害を起こすので、飼い主のマイク・ブリダウスキはリルバブの腹部を特別なやり方でこすって「おしっこをさせる」方法を身につけた。そうして出てくるおしっこは、大好きなネコ用ココナッツシャンプーの香りと混じりあい、タイフードのような不思議なにおいがする。

それでも、リルバブはエリートのオンラインネコとして偶像扱いされている。これら大物リストに入っているネコにはライセンスの代理人がつき、企業との契約もある。運転手つきのキャデラックに乗ってハリウッド入りし、映画出演の交渉をするかもしれない。一年に百万ドルを銀行に預けるネコや、有名な慈善家のネコもいる。リルバブは、歴史上の今以外のいつ生まれても長らえることはできなかった変異だが、生き残っている最後のトラを救う運動をしている。

ようやく呼び出しがかかり、私は会議室の床を歩くリルバブを見つけた。足が短いために、ちょっと蛇を思わせる進み方をしている。顔のほうは、数えきれないほどのタンクトップ、トートバッグ、ティーカップ、ハイソックス、携帯電話カバーで見ているから、もうすっかりお馴染みだ。緑色の目は特に大きく、ピンクの舌をペロッと出しているので、いつでも嬉しそうに見える。ブリダウスキはリルバブの陽気なオンライン上のペルソナを、この有名な「笑顔」を中心にして生み出している。

私が部屋に入っていくと、リルバブはゴロゴロと喉を震わせた。「おいで、バブ」。三〇代半ばのブリダウスキはそう声をかけ、ネコをすくいあげる。彼は一日のうちのほとんどすべての時間をこのネコといっしょに過ごし、体の表面積の大半をこのネコの姿のタトゥーで覆っている。二〇一一年に彼女を引き取ったのは思いやりからで、まさかそのおかげで自分が有名になるなどとは想像もしていなかった。ブリダウスキは借金を抱えていた音楽プロデューサーだったし、当時すでに四匹のネコを飼っていたのだが、インディアナの物置小屋で見つかった野良の子ネコたちのうち一番小さかったのがリルバブだった。「ハッキーサック（フットバッグとも呼ばれる、お手玉のような小袋《バッグ》を蹴るスポーツ）で使う袋くらいの大きさだったんだ。家に連れて帰らないなんて、あり得なかった」

だが、最初のファンだったブリダウスキさえ、自分のペットに対する一般の人々からの反響には少し戸惑った。二〇一二年四月に「タンブラー」に投稿した写真の一枚が、あっという間に拡散されたのだ。間もなく、「ツイッター」と「インスタグラム」のアカウント、自分だけの「ユーチューブ」チャンネルができ、「フェイスブック」のページには二〇〇万の「いいね」がついた。それに伴って、本の契約、「アニマルプラネット」のスペシャル番組、衣服メーカー「アーバン・アウトフィッターズ」との提携が決まる。もちろんニュース番組「トゥデイ」にゲスト出演したし、ロバート・デニーロやケシャなどの有名人にも抱いてもらった（リルバブが実際の世界で繁殖する可能性は疑わしいが、ブリダウスキの可能性は広げてやれたかもしれない——彼は美女たちとつき合えるようになり、私と会うつい数時間前にも有名なテレビ女優が胸を彼の腕に押しつけてきたそうで、「まあ、なんというか、積極的」だったそうだ）。今夜はブルックリンで開かれるチケット完売の「インターネット・キャット・ビデオフェスティバル」に、主賓として招かれている。

「すべてが夢のようだ」と、ブリダウスキは言う。「交流イベントでは、みんなが声をあげながらリルバブを取り囲む。みんなほんとうに感情的になるんだよ」。ペットについて語る超能力者がかつて次のように判じたそうだ。「バブは、別の体に入り込む魂です。何百万年もさまよっている魂のようなもので、それが何かの理由で、しばらくとどまっているのです」

ブリダウスキはこれを信じていいものかどうかわからないようだが、リルバブがどうにかして世俗的な束縛から抜け出したことは、誰にも否定できない。

「大変、今、何時？」と、ブリダウスキが突然言った。いくつものアカウントにネコの写真をアップロードしなければならない時間だ――たぶん彼もリルバブも、フェスティバルの会場でまた私に会うことになるだろう。たしかに、彼らにはまた会う予定だ。

最もバカげた創造的行為

リルバブ、マル（日本のスコティッシュフォールド）のようなインターネットのスターは、バーチャルな氷山の一角にすぎない。オンラインにはあまりにもたくさんのネコが徘徊しているため、グーグルのXラボが「自律的に動く」一六〇〇台のコンピュータープロセッサでユーチューブの動画を分析したところ、それらの機械はネコのデータのスキャンにすっかり慣れて、ネコの顔を人間の顔と同じくらい正確に認識できるようになった。その精度は七四・八パーセントだという。可愛いネコの写真はあまりにも魅力的だから、企業のＩＴ部門が社員による社用パソコンの乱用を見つけるためのおとりとして利用している。最近の研究によれば、イギリスのインターネット・ユーザーだけで一日に三八〇万のネコの写真をアップロードしている一方、人間の自撮り写真は一四〇万にすぎず、数十万人のイギリス人が個人的に飼いネコのソーシャルメディア・アカウントをもっている。

こうしたネコのコンテンツのうち、ほんの一部だけ、実際に役立つものがある。ネコ用トイレの問題に焦点をしぼったウェブサイト、ペットの世話に関する考えさせられる質問のオンラインフォーラム（「ネコがいる部屋で煙草を吸うと、ネコはいい気持ちになりますか？」）、そしてもちろんオーストラリアには、侵入生物種について七歳の児童を教育するために作られた、教育的な「野良ネコ大虐殺」のアプリがある（「カーソルで狙いを定めて撃ちましょう……いつも残りの銃弾の数と正確さを忘れないように」）。オンラインのネコは天気予報を伝え、スペイン語を教え、文章を書くときに突き当たる壁と戦う（「Written? Kitten!」というウェブサイトでは、書き手が一〇〇語書くごとにネコの写真が送られてくる。残念ながら、私がこのサイトを見つけたのは、この本の最後の章を書いているときだった）。

それでも、イエネコ自身と同じく、大半のデジタル・イエネコは自意識過剰なだけでほとんど使いものにならず、ただ目的のないお楽しみだ。あるのはネコのバーチャルな熱狂のみ。食パンに頭を突っ込んだネコ、キュウリと対決するネコ。ネコがヨーデルを歌い、ヨガのポーズを決め、掃除機のルンバに乗り、箱に飛び込み、ヤギのように鳴き、何かをひっくり返し、寿司や、銃をもった退廃的なギャングに似たポーズをとる。ヒトラーにそっくりなネコもいる。人間は人間で、自分からキャットフードに半分埋まって動画を撮り、可愛く飾った三本足のネコの画像を共有し、映画『ハンガー・ゲーム』をネコだけのキャストでリメークする。現状は、成り行きまかせのインターネットネコの氾濫だ。二〇一五年に発生したテロの脅威でベルギー政府がソーシャルメディアに沈黙を呼びかけたとき、どういうわけかツイッターはネコの写真で溢れた。二〇一六年の大統領予備選では、バーモント州の上院議員バーニー・サンダースが可愛いネコといっしょに撮った写真が次々に出まわった。

グランピーキャットと呼ばれる動物——最も有名なオンラインネコと言って間違いない——はなぜ、シリアルのハニーナッツチェリオとCM契約を結んでいるのだろうか？　なぜ聖書が、インターネットネコのピジン言語である「ロル（LOL）・スピーク」に翻訳されているのだろうか？（LOLはLaughing Out Loudの短縮形で、インターネットのスラング。こうしたスラングを用いた「ロル・スピーク」が、後述する「ロル・キャッツ」で広がった）誰にもよくわかっていない。インターネットの父と呼ばれることの多いサー・ティム・バーナーズ＝リーは、最近、現代のウェブ利用のどんな点に最も驚かされるかと尋ねられ、「ネコ」と答えていた。ハーバード・ケネディスクールとロンドン・スクールオブエコノミクスの学者たちは、これらの「ネコ・オブジェクト」（ある学者がそう呼んでいるのだが）について考え、「フェミニストのメディア研究」と「企業調査」の観点から調べており、一方で言語学者はロル・スピークの「正字法と音声学」を解析している。

それと同時に、インターネットネコは最も愚かなオンラインコンテンツ、そして全般的におバカ文化の合言葉にもなっている。メディア研究者のクレイ・シャーキーは、ネコの写真に説明文《キャプション》をつけることを、「考えられるなかで最もバカげた創造的行為」と呼ぶ。

おそらくインターネットネコは、ただのバカよりもっとたちが悪く――まったく予測がつかない。一見したところ不可解なインターネットネコの人気は、「ただの成り行き任せの可能性がある」と、ウォートン・スクールオブビジネスのビッグデータの専門家、キャサリン・ミルクマンは言う。

だが、イエネコによるインターネット侵略は、彼らのユニークな血の通った能力と、独特な歴史に関係している可能性のほうが高いように思える。イエネコによるオンラインの乗っ取りは、生態系と文化の征服という、それよりはるかに大きいパターンと一致する。結局のところ、ネコはプトレマイオス朝がナイル川流域を支配したときから、急速に拡散し続けてきたのだ。

ネコのミームが人気なわけ

たしかにネコのコンテンツは、高い確率でユーザー間に共有されやすい、神秘的な、ほとんど魔術と言ってよいほどの性質をもっているようだ。最近のバズフィードのデータによれば、バズフィードの平均的なネコの投稿には、バズフィードの平均的なイヌの投稿の二倍近い拡散による――フェイスブックやツイッターなどのほかのソースからの――アクセス数がある。二年間で見ると、上位五位までのバズフィードのネコの投稿は、上位五位までのイヌの投稿の約四倍のアクセス数になっている。

そしてネコのコンテンツは単に拡散するだけではなく、「ミーム」と呼ばれるようになることが多い。ミームとは、伝達されるにつれて少しずつ変化する――あるいは適応すると言ってもいいが――他愛もない（通常はおもしろい）拡散コンテンツのことだ（メディア研究者のケイト・ミルトナーはそれを、「ソーシャルネットワークに生息する〝内輪のジョークや、ちょっとした恰好よくてひそかな知識〟」と表現している）。次々とあとに続くユーザーが、ネコの説明文に手を加えたり、元のネコの写真を改ざんしたり、新しい写真に取り換えたりするかもしれない。たとえば最も有名なネコのミームは、「I Can Has Cheezburger?」〔I Can Have a Cheeseburger?（私はチーズバーガーを食べることができる?）を意図的に間違えている〕という言葉が添えられた、口を開いたグレーのネコの写真だ。ミームの置き換えには、ネコに似たヒトラーの写真が「I can has Poland」と言っているものがある。文法などを間違えた「has」や「haz」がオンラインに出現するたびに、そのグレーのネコ――ハッピーキャットとして知られているネコ――は、首をまっすぐに立てる。

遺伝子（gene）をもじったミーム（meme）は生きものそっくりに行動し、高い確率で変異しながら、人間の注目だけが唯一の重要な資源である一種のバーチャル生息域で互いに激しく競い合う。そして生命体のように研究もされる。コンピューター学者などは、ダーウィンの考えや、伝染病学のような実世界の分野からのモデルを借用して、オンラインで何が生き残り、その理由は何かを理解しようとしている。

「何がこれらのネコを人気者にしたかがわかっていたら、今ごろは私も億万長者ですよ」と、ミームを研究しているボン大学のコンピューター学者クリスティアン・ブカージは言う。「個々のミームがこれほど長いあいだ存続するジャンルは、ほかには知りません。まさに不死身です」

動物のミームは一般的に繁栄する傾向があり——バズフィードでは、これらの生物コンテンツのすべてを専門で扱うために、ビーストマスターズと呼ばれる編集者の集団を雇い入れている——、そのことは世界のオンライン利用者を考えればつじつまが合う。人間界の政策や文化の詳細は、国境や大陸を超えていつも理解できる言葉に翻訳できるわけではないが、動物の画像は確実に理解できる（たとえば、テロの脅威によって頻出したベルギーのネコの写真は、ひと晩で「国際的に認知される連帯のシンボル」になったと、『ニューヨークタイムズ』紙は書いた）。

だが、動物のミームのなかでもネコのコンテンツは際立っている。時間を追ってグラフにしてみると、ネコのミームは独特な形になる傾向がある。一部のミームは——たとえばシロフクロウのＯＲｌｙや、モントーク・モンスター（ロングアイランドの海岸に打ち上げられた動物の死体）——は「ロングテール型」として知られる。人気がいったん急上昇したあと、徐々に衰えていき、長くて、むしろわびしい尻尾が残ることが多い。それに対してネコのミームは、何か月、何年という長いあいだ、ピークが続くことがある。インターネットネコはこうして、皮肉なことに、「尻尾が短い」。

ネコはいくつかの並はずれた挑戦者にも耐えてきた。たとえば、ナマケモノとスローロリスが注目を浴びたことがある。『社会的に厄介なペンギン』は、しばらくはあらゆる場所で目立っていました」と、ハーバード・ケネディスクールでデジタルヒューマニティーズを研究するミシェル・コスシアは言う。だが「そのペンギンが拡散することは、今ではほとんどありません。明らかに落ち目です。長い時間、あまりにも絶え間なく使われすぎたミームは、やがて飽きられます。二年もすればほとんど消えています。でも、ネコは違うようですね」

「実は、なぜネコがそれほど成功するのか、私はあまり理解できていません。私がミームについて知っているどんなものにも、当てはまらないのです」

たとえば、コスシアの分析によれば、大成功するミームに共通することが多い特徴のひとつは、目新しさだ——私たちがこれまであまり見たことのないシロフクロウやスローロリスの写真は、それによって一時的な強みを発揮する。でもイエネコはバカバカしいほどありふれている。しかも、多様な種類がいるイヌに比べればとりわけ、純血種も変異も含めてだいたい同じように見える。メディア研究者のラダ・オマーラがネコの動画に関する学術論文で指摘しているように、「まるで何百万という動画でいろいろなことをやっている一匹のネコがいるかのようだ」。

同一性は動画の設定にも見られる特徴で、それは世界のどこで撮影された動画にも当てはまる。ほとんどすべての動画の背景は家のなか、たいていはリビングルームで撮影されていて（ただし、トイレや浴室も多い）、やっていることは、ばかばかしいほど単純だ。

ネコがホームオフィスのプリンターを、またはコーヒーテーブルの下に隠れたペットのオウムを、飼い主を、スイカを、襲う。ネコがソファーの下から勢いよく飛び出す、食器棚の上を忍び歩く、または段ボール箱に飛び込む。
ときには、ネコがうしろ向きに飛び出してくる。

サブカルからメインカルチャーへ

ネコがインターネットに潜入した時期は、とても早かった――「盆栽子ネコ（Bonsai Kittens）」（小瓶に入れた子ネコ）、「インフィニット・キャット・プロジェクト（The Infinite Cat Project）」（ネコと鏡）、「私のネコはあなたが嫌い（My Cat Hates You）」、さらに人気のある「トイレ・カメラ（litter box cam）」といった、いたずらのようなウェブサイトの出現はワールドワイドウェブ（ＷＷＷ）の初期にさかのぼる。「一九九〇年代の後半から、よく可愛いネコのページを話題にしていました」と、ＭＩＴシビックメディア・センター所長で初期のインターネット起業家でもあるイーサン・ズッカーマンは言う。「それはたしかに、ユーザーが作りだした文化の最初の種のひとつでした」

おそらくタイミングがすべてだったのだろう。実際、空白地帯に侵入した最初の生きものは繁栄でき、それらが手にした足場により、あとになってから、より高等な生きものがそれらを追い出すのは難しい（たとえば、乱獲と汚染によって黒海から生きものの姿が消えたあと、侵略性のクラゲが入り込むと、それからずっと支配し続けている）。

だがネコによるインターネットの支配は、もっとネコ科らしいシナリオに沿っていて、オーストラリアの住民にとっては特に身近なものに思えるに違いない。インターネットネコは明らかな目的をもって導入され、その後、簡単に言ってしまえば、野生化した。

やがて来るすべてのネコのために道を切り開いた決定的なオンラインのネコは、「ロル・キャッツ」だ。これは4chan（英語圏の匿名画像掲示板）に二〇〇五年に登場した、技術エリートたちのクラブのようなオンラインコミュニティで、参加者の多くは超越したユーモアで知られる若い男性だった（もうひとつの4chan生まれの動物には小児性愛のクマ、ペドベアー〔Pedobear〕がいる）。二〇〇五年には4chanが毎週土曜をネコ曜日〔Caturday：CatとSaturdayを合わせた造語〕と宣言し、人々がネコの写真を投稿して祝うようになり、その一部には短い説明文がついていた。

4chanの利用者が特にネコ好きだったかどうかは、はっきりしない。ネコ好きはイヌの飼い主ほど外には出ないから、インターネットのヘビーユーザーになる傾向は強いかもしれない。インターネットの世界はまた、ネコ好きが共有するネコへの情熱を通してつながり合える、稀少な世界でもある（インターネットは「キャットパーク」と呼ばれることもある）。たしかに現在では、ネコとコンピューター好きの相乗作用があるらしい。最近、自分のネコの名前をコンピューターのパスワードに使った悪名高いハッカーの活動が阻止されたし、Violentacrezの名で「レディット」というニュースサイトを荒らした妖怪《トロル》が、ネコを七匹飼っている中年男性であることが暴かれているからだ。

それでも、ネコ曜日を最初に祝った人物が正真正銘のネコ愛好家かどうかは、社会学的観点から見るとほとんど意味はない。ミームの発生と共有はおもに、匿名のインターネットユーザーが特定のデジタル集団への忠誠を示し、部外者を不適格とみなす手段になっていると、メディア研究者は考えている。ミルトナーはこれを、「内集団の境界設定と治安維持」と呼ぶ。特権ユーザーをもつ小規模なグループにとって、「ロル・キャッツの価値」は可愛いらしさではなく、その「サブカルチャー的資本」にある。最初に説明文をつけられたネコの画像には、わざとぼやけたものが使われ、典型的な内輪ネタが添えられていた。

ところがその後、どこか風変わりな、それでも馴染み深いことが起こった。ネコが逃げ出したのだ。ミルトナーの言葉では、ネコたちが「移住」した。

二〇〇七年一月、ハワイでソフトウェア開発の仕事をしているエリック・ナカガワが、自分のブログに「ハッピーキャット」の写真を投稿した。そのグレーのネコの画像は二〇〇三年から出まわっていたのだが、ナカガワはそれにロル・キャッツ形式の説明文を加えていた。するとその一回の投稿に、三月だけで（当時としては驚異的な）三七万五〇〇〇回のアクセスがあった。ナカガワがさらに同様のロル・キャッツを次々に投稿すると、読者は各自のネコを使った創作をもって彼のブログに殺到したのだった。ナカガワのブログ――最終的には「I Can Has Cheezburger?」のタイトルがつけられた――のトラフィック数は翌月には二倍になり、次もまた二倍になった。ナカガワは五月に日中の仕事を辞め、その年のうちにメディア起業家のベン・ハアにサイトを売却してしまった。ハアは、ロル・キャッツはもっと多くのアクセス数を獲得できると確信していた。

「ネコのオリジナルのミームは 4chan に属しています」と、ハアは二〇一四年に「インターナショナル・ビジネス・タイムズ」の取材に答えている。「でも4chanはほとんどが匿名の仲間のもので、誰でも見られるものではありませんでした。仲間のあいだで下品な言葉を使っていたんです」。それに対して「I Can Has Cheezburger?」は暖かく、抱きしめたくなるほど可愛くて、部外者でもアクセスできる。

「ネコはここで大衆の意識にもぐりこみました」

ロル・キャッツはすぐに中年女性のあいだに居場所を開拓し、女性らはハアのサイトの常連になって、Cheezfrenz や Cheezpeepz などと名乗りはじめた——ひそかに皮肉っぽさを売りにしている4chanの仲間にとってはとんでもないことで、すぐにそのペットのミームを捨ててしまった。ウェブに精通した人から見れば、ロル・キャッツが「メインカルチャー加わったとたんに、パンチ力を失う」と、ミルトナーは指摘する。「ネコたちは真面目で技術的に無能な読者たちの象徴になりました」。間もなく、もっと遅れた「仕事に飽きた」層が参入した。

だがその層こそ、ネコが猛烈に増殖するために必要なものだった。「内輪」のジョークとして囲い込もうとした最初の飼い主の計画から自由を得たネコたちは、間もなく外に出て、ツイッターからGIF画像へ、さらにユーチューブの動画へとオンラインプラットフォームに氾濫するようになり、どんな新しいE生態系にも順応している。

ネズミの代わりに、ネコがマウスのクリックで生き残っている。

詩と不意打ち

野良のロル・キャッツの物語は、ネコがどのようにしてオンラインの領域を獲得したかを説明するのには役立つが、なぜ?という疑問には答えない。初期のウェブ上で大きな人気を博したものにバケツをもつセイウチ（walrus）の写真があり、lolrusという造語が流行した。だがどういうわけか、持久力に欠けていた。なぜロル・フェレッツや、拡散するキツネはいないのだろうか?

その答えは、ネコの実世界での繁殖力と世界主義《コスモポリタニズム》からスタートする。現在、地球上には六億を超えるイエネコがいるのだから、ネコのコンテンツを新たに作るのは安上がりで簡単だ。パンダも可愛いが、生きているのはわずか二〇〇〇頭ほどで、ほとんどが遠く中国の竹林にいるため、パンダの写真を撮るにはコストもかかるし数も少なく、楽しい気分（そして拡散しようという気持ち）を引き起こすのははるかに難しい（ご多聞にもれず、「I Can Has Cheezburger?」のパンダ版スピンオフは大失敗に終わった）。また、ネコには固定の読者もつきやすい。最も人気のあるペットとして、インターネットをさまざまに異なる方法で利用する数多くの異なるタイプの人たちの家に、すでに入り込んでいるからだ――たとえばセイウチやフェレットに比べれば、最初から有利な立場にいる。一部のコンピューター科学者は、ミームの成功にとって品質はほとんど二次的なもので、最も重要なのは取り上げるソーシャルネットワークの数だと考えている。ネコはあらゆるソーシャルネットワークに取り上げられている。

だがここには、単なる数より重要な要素がある。ネコを家のなかにしっかり閉じ込めるという、ごく近年の傾向も大きな意味をもっているのだ。ネコがコンピューターに侵入しているのは、人間の家に侵入したことの論理的な延長だと言えるからだ。ネコがほとんどいつも屋外で暮らしていたときには、秘密主義でコソコソ歩きまわる習性のせいで見つけにくかったばかりか、写真を撮るのも、動画に収めるのも、どんな方法で記録するのも極めて難しかった。『写真に収まったネコ（*The Photographed Cat*）』で、ノースイースタン大学の社会学者アーノルド・アールークと共著者ローレン・ロルフは、二〇世紀前半のネコたちを写真に収めようとした勇敢な、だがたいていは絶望的な試みについて説明している。それらのネコの多くは近所をうろついていたもので、「ペットのウマやシカやヤギ」、さらに「コヨーテの赤ちゃん」を撮ったほうが、よい写真になりそうに思えた。完璧なネコのポートレートはほとんどなく、それを撮るのは技術的に「野生動物の写真と比較しても」ひどく難しかった。ところが今日の私たちは、これまではじめて、追い込まれたペットのネコを記録する選択肢を常に手にしている。ネコの動画がほとんどいつもリビングルームで撮影されていることが多くを物語る——幽閉されているからこそ、デジタル冒険旅行に臨む前提条件が整う。

こうして現代のペット飼育方法がインターネットネコの登場を可能にしているわけだが、オンライン上で可愛いらしさを誇る最大のライバルであるイヌと人間の赤ちゃんにまさる競争力を、最終的にもたらしているのは、ネコの最も野生的な本能、実際には捕食のやり方そのものだ。

というのも、追いつめられ、動画や写真に撮影され、精巧なアメリカンガール人形のアクセサリーに囲まれていたところで、イエネコはやっぱり単独で行動する肉食の不意打ち攻撃をするハンターだからだ（「I Can Has Cheezburger?」という表現そのものが、本質的には、肉食の「ときの声」ではないか）。そしてこのひとりぼっちのストーカーは、サイバースペースの孤独のなかで、ラブラドールレトリバーとは違った方法で繁栄する。

事実、イヌは人間とあまりにも心を通わせているために、その行動は人間の感情を完璧に写し出し、近くに人間がいなければ未完成な存在のままだ。イヌは実存そのものを人間との交流に頼っていて、人間の合図を読み取り、視線を合わせ、一種の相互親交に励む。人との一対一の意志のやりとりを通して元気になり、遠くでひっそりとしていては心から楽しむことができない。だがネコは自己充足型だ。人間がいなくても必要を満たすことができる。まったく単独でいるときにこそ、最も気楽でいられ、それは自然界でもバーチャル世界でも変わらない。そして私たちも、近くのソファーからネコを見ているだけで、あるいはコンピューター大陸の果てから眺めているだけで、同じように満足することができる。

興味深いことに、ネコをオンラインに駆り立てる行動生物学的な特徴は、概して従来の物語の形式からネコを締め出してしまう。ライターのダニエル・エングバーは、長編小説から短編小説までのほとんどの文学形式で、登場するのはネコよりイヌのほうがはるかに多いと指摘している。おそらく、イヌは人間とある種の対話ができるように進化し、自分の言いたいことを実際に伝えられるからだろう。イヌは生まれながらにして役柄をもち、人とイヌは両方の物語が同じになるまで互いを理解しており、その物語にははじまりと終わりがあって、そのあいだに長い旅をして、結末では素直に死が待っている。

それに対して文学上のネコは、仮にそこで生きるとしても、ほとんど死ぬことはない。ネコは役柄をもたず、曖昧な存在だ。コミュニケーションは得意ではなく、実際に複雑な事態が起きるわけでも、大団円が待っているわけでもない。まったくの静けさ、または強烈な暴力をもたらす主体だ。

エングバーはまた、ネコが独占しているように見える伝統的なジャンルのひとつは詩だとも指摘する。詩は直線的でなく、直観的で、自然発生的——文学の不意打ち攻撃だ。たしかに童謡からT・S・エリオットまで、あらゆるものにネコがチラチラと顔を出す。実際のところ、長文形式の文学に登場する数少ない印象的なネコは、詩から迷い出たように思える——たとえばチェシャネコは、まともではない「不思議の国」でさえ予測不能な存在で、その突飛な登場は物語風の「攻撃」のようなものだ。

インターネットは、小説よりはるかに詩に似ている。断片的で、爆発的で、時間にしばられず、はじまりから終わりまで続く組織だったサーガ（物語）の代わりに、そっとあとをつけて急襲する。ネコがもつ本質的な「突然」さは、六秒間の動画アプリVｉｎｅや意外なツイートに、うってつけだ。

「典型的なネコの動画は、まず静かな状態を作りあげてから、いきなりそれを破壊する」と、メディア専門誌の分析でオマーラは書いている。「最も人気のあるネコの動画は、最も急激で目を見張るような混乱と、最もぶっきらぼうな終わりをもつもののようだ」。ネコが何の前触れもなく赤ちゃんの頭をたたいたり、ベッドの下から飛び出してきたりする。

ネコは不意打ち攻撃を表現している。

無表情だからこそ

ウェブはまた、他に類を見ないほど視覚に訴える舞台だから、人間の赤ちゃんのような様子で楽しいハプニングを引き起こすネコには有利で、私たちはそんな様子をじっと見るのが大好きだ。だが、人間の赤ちゃんがそんなに素晴らしいのなら、なぜ私たちは赤ちゃんをオンラインで見ないのだろう？　なぜ赤ちゃんをそのまま見ず、Unbaby.meというソーシャルメディアツールを作り、友人の子どもたちの写真をネコの写真に自動的に置き換えてしまったりするのだろう？　なぜ赤ちゃん言葉の「ばぶばぶ」や「バア」の代わりに、ロル・スピークが勢力を振るっているのだろう？

ロル・キャッツの重要人物であるハアは、ネコがインターネットを支配している理由を、「感情表現の種類が少ないイヌとは違い、ネコの顔とボディーランゲージにはニュアンスがある。ネコの表情は豊かだ」からと主張した。

だが実際のところは、その逆だ（ここで、おそらく意味のあることをつけ加えておくと、ハアはネコ・アレルギーの体質で、ネコを飼っていない）。ネコの表情は乏しい。たいていは無表情で、孤独なハンターとしての暮らしのなかで豊かなコミュニケーション能力を必要としてこなかった。人間の赤ちゃんに似た顔をしているが、赤ちゃんの弾むような表情は持ち合わせていない。ネコは手の内を見せずに行動し、人間の赤ちゃんはそんなことをするはずもない。

これまで見てきた通り、こうして無表情を保つ性質は閉じられた家庭のなかでは問題が多く、ネコの飼い主が自分のペットの考えていることを推測できないことや、大好きなネコが病気かどうかわからないことなどは、日常茶飯事だ。

ところがオンラインでは、ネコの不可解さが大きな利点になる。ネコの顔が無表情だからこそ、超社交的な人間は、そこに何かをつけ加えたい気持ちにかられる。ネコは事実上、説明文を求めている。

インターネットのユーザーは、あらゆる種類の動物が人間と同じ特性をもっていると考えがちなところがある。ネット情報を拾い読みするという孤独な行動が、常に消えることのない擬人化の傾向を倍加させる。しかも、人間に似た特徴と表情の空虚さのせいで、ネコの心を「読み取りたい」という気持ちは特に抑えがたくなる。初期の写真家さえこのことを理解しており、おそらくそのせいで、わざわざ扱いにくいネコ科動物を被写体に選ぶという勇敢な行動に出たのだろう。「ウサギは、衣装を着せて撮影するのが最も簡単な動物だが、たくさんの『人間』の役を演じることはできない」と、二〇世紀初頭のある動物写真家は愚痴をこぼした。「ネコは最も万能な動物の俳優で、最も多彩な魅力をもっている」

ネコの写真に説明文をつけるという娯楽がオンライン上であまりにも広まっていることから、リンカーン大学の科学者たちはこれを研究するために、「タグパス」という研究ツールを考え出した。参加者はさまざまなネコの写真を見て、四〇種類の感情のリストから当てはまると思うものを選ぶことができたが、「ユーザーはつねに、過度に複雑な人間の感情と意欲をネコに当てはめていることがわかった」と、著者は書いている。たしかに、示されたキーワードの長々しいリストは（「勇気」、「不安」、「怒り」のような人間だけの感情も含まれていたが）、「タグパス」のユーザーが写真を見てネコに当てはめようとした実に多様な感情をあらわすには、悲しいほど不十分なものだった。ネコのほうは、そんなものはまったく感じていなかったのだが。満足できなかった参加者は何十もの自分独自のタグを送信し、そのなかには「クスクス笑い」、「知りたがり」、「しらけた」、「生意気」、「広場恐怖症」などが含まれていた。

笑顔のような単純な「感情アイコン（顔文字）」——：）——が、最初に作られたミームだったとされている。もしそうなら、ネコはごく自然な後継者になる。錯覚で感じる人間らしさと、まったくの無表情とが組み合わさって、ネコの顔にはとても順応性のある、顔文字に似た潜在力があるのだ。それに乗せて、それを通して、人間の感情を伝えることができる。

さらに、リルバブのような実在する有名なネコが、その現象を後押しする。それらのネコの場合、私たちは顔を読み取る必要を感じさせられ、さらに読み取って満足することによって、うっとりする。こうした稀少な生きものの多くは、正確に言うなら「表情」が無表情に見え・な・い・から、有名になっているのだ。普通のネコと違って、有名なネコには生まれつき説明文が組み込まれている。

オンラインのエリートネコが、最も美しい動物ではないという点は注目に値する。実際、有名なネコの多くは深刻な健康上の問題を抱えており、「特別支援」が必要とされている。多くの場合は顔に何か欠点があって、典型的なものは口の問題で、そのせいで幻の表情のようなものが生まれる。リルバブの場合は口に不具合があるために、いつでもからかうような微笑みが見える。彼女のライバルであり仲間でもあるグランピーキャットは、あまりにも不機嫌な顔をしているので、最初はフォトショップで加工した写真かと思われた。

険しい表情のヒマラヤン、ミャオ大佐は、怒れるネコだ。プリンセス・モンスタートラックの恐ろしげな前歯反対咬合は、ペルシャによく見られる奇形だが、ゆがんだ微笑のように見える。サー・スタフィントンは海賊のように鼻で笑う。ハミルトン・ザ・ヒップスターキャットの口にある独特な白い模様は、まるで皮肉っぽい口ひげのように見える。

口蓋裂のせいでしかめ面に見えるネコたちは大成功を収めているが、OMGキャットと呼ばれていたネコは、ギョッとした表情のもとになっていた骨折した顎が癒えると、すっかり人気をなくした。OMGキャットは、もう「感情ネコ」ではなくなっていた。

これらの「表情」は、もちろんそのネコの心の状態とは何の関係もない。グランピーキャットは人なつこい動物らしいし、いつも微笑んでいるリルバブは健康上の問題で頻繁に痛みに耐えている。

それでもオンラインでは、とにかく私たちが見たいかどうかだけが大切だ。

ハローキティは現代のスフィンクス

ミームの研究者たちは、驚いたことに、最終的にはインターネットにそれほど関心があるわけではない。彼らにとってミームとは、人の気を引くあらゆる種類の考えがどのようにして人間文化に広まっていくかを追跡する手段であり、オフラインでも概念がどのように人から人へと伝わるかを数値化する方法になっている。

その場合、彼らはコンピューターの研究を離れ、ネコの研究へと切り替える必要があるだろう。ネコは、I Can Has Cheezburger? が登場するずっと前から知的感染を起こしやすい存在だった。生態系、寝室、脳組織に侵入しただけでなく、文化全体をハイジャックしている。

ハローキティの産院からハローキティの墓石まで、あらゆる場面に登場するネコの故郷である日本を例にとってみよう。このネコのキャラクターは日本の超小型衛星に乗って、宇宙空間にまで飛び出している。

この風変わりな現代のネコカルトは、日本の絹製品を販売する団体に起源をもつ企業が、ネコの顔をデザインしたキャラクターを生み出した約四〇年前にはじまった。そのネコは企業支配の国境を越えたトーテムとなり、今では世界中のマーケティング幹部者の憧れの的になっている。ハローキティには推定で五万の商標製品があり、毎月およそ五百の新製品が発売され、その数に模倣品《コピーキャット》は含まれていない（ハローキティは世界で最も偽物が多いブランドのひとつで、それはミームとして特大のパワーをもっている証だ）。トースターからエアバスまで、あらゆるものにその姿が描かれている。今では、このネコの売上の約九〇パーセントが日本国外からのもので、世界初のハローキティ・コンはラ・ブレア・タールピッツからそう遠くないロサンゼルス市内で最近開催され、常設のタトゥー・パーラーもあった。このネコのスローガンさえ、自意識過剰気味に拡散される――「友だちはどんなにたくさんいても、たくさんすぎることなんてない」

イエネコ自身と同様、ハローキティは柔軟性に富んだ捕食者だ。純粋なデザインの一例――ブランドのないマスコットで、自分自身のために存在するイメージ――だから、ほとんどどんなものにも住みつくことができ、それは絶えず新しい市場に侵入できるネコ科独特の多才さを意味している。体が小さいことも大切で、鉛筆入れのような小型の商品についているのを最もよく目にする。十分に拡大されてしまうと――たとえばメーシーズの感謝祭パレードで四二番街をヨロヨロ練り歩いたりすると――ほとんどライオンのように見える。

だがハローキティの代表的な特徴は、すっかり欠けているものにある。とても食いしん坊なのに、口がない。このハンディキャップによって――もし実現すれば大金を手にできるはずだし、十分に順応できる能力をもちながら――彼女がテレビや映画にほとんど登場しない理由を説明できる。それでも、そのような利益を見送るだけの価値はある。ハローキティのデザイナーは、口がないことはその魔力の源であり、ほとんど普遍的な魅力であることに確信をもっているからだ。

「キティに口がないのは、見ている人の気持ちをよりよく反映できるように」するためだと、オフィシャルウェブサイトは説明している。

マンガ家のスコット・マクラウドによれば、ハローキティは「表情を読み取りにくく」、「楽しく不可解」だ。ハワイ大学の人類学者で、ハローキティのファンを研究しているクリスティン・ヤノは、ハローキティは現代の「スフィンクス」であると断言する。

しかし、実際のところは初歩的なロル・キャットで、説明文をつけてほしいと書き込みを求める空白の表情をしている。

このネコには、まだ別の秘密もある。日本固有の「かわいい」文化の先頭を飾るハローキティは、厳密に言うとイギリス出身だ。ハローキティの生みの親であるデザイナーの清水侑子は、自分が作ったこのキャラクターの一風変わった名前を、一八七一年に書かれたルイス・キャロルの古典『鏡の国のアリス』に登場する子ネコからとったと話している。物語のなかで、アリスは魔法の鏡を通り抜ける前にキティという名前のネコと遊ぶ。

暗い戦後の時代、日本の女生徒たちは戦勝国イギリスの児童文学に逃げ道を見出したらしく、特にキャロルの作品は「日本の女性たちが描く空想の世界の一部になった」と、ヤノは言う。

もちろん、『不思議の国のアリス』の著者でもあるキャロルは、もう一匹の典型的なネコであるチェシャネコの本家でもあり、こちらのネコもそれはそれで完全にあいまいな存在だ。ミームの観点からすれば、口のない象徴的なネコと、笑顔だけで姿をあらわす象徴的なネコは、同じ血統に属している。

それでも、私たちは戦後の日本やヴィクトリア朝時代のイギリスよりさらにさかのぼり、この熱狂がはじまった端緒にまで戻ってみるべきだろう。

ライオンからイエネコへ崇拝が変わった

「ネコは古代エジプトからのタイムトラベラーだ。それは魔法やお洒落が流行するとき、必ず戻ってくる」と、文芸学者のカミーユ・パグリアは書いている。

リビアヤマネコが最初に人間の暮らしに入り込んだのは新石器時代の中近東だったが、イエネコに対する文化的な強い興味がはじまったのはその数千年後で、舞台はナイル渓谷だった。エジプトではじまったものが、世界初の本当のネコ「愛好家」の集いだったと言っても、過言ではない。

リルバブがブルックリン制覇を目指して忙しく活動しているころ、折よくブルックリン美術館で「神聖なネコ科動物：古代エジプトのネコ」と題する美術展が開催されたので、私も立ち寄ってみることにした。

上品なイエネコが青銅の像になったり、彫刻され金メッキで飾られたりして並んでいることも、ブラブラ揺れるイヤリングにまではめ込まれていることも、あらかじめ予想していた。

でもライオンは驚きだった。石灰石と閃長岩《せんちょうがん》から削られたそれらの像は、ほぼ実物大に見える。一頭のライオンの両目からは宝石が抜け落ち、空洞になったまなざしはまるで砂漠のように空虚で果てしなく感じられた

エジプトは、地球上の大部分と同じく、かつては大型ネコ科動物の国で、エジプト人にとって最

も大切なネコ科の女神は――文明が続いた三〇〇〇年の大半で――イエネコではなくライオンだった。ライオンは、初期の王たちが墓を築いた砂漠の端で暮らしていた。ファラオがスフィンクスの形で一体化する相手に選んだのはライオンであり、ライオンの頭をもつ複数の神がいた。古い墓のフレスコ画ではライオンが目立って描かれ、その役割は王家のペット、または狩猟の相棒という説もあり、――たぶん最も多いのは――栄誉ある知識の源泉というものだ。

事実、エジプトで最も重要なネコの女神であるバステトの神性は、もともとライオンとしてはじまった。それに対してイエネコは、王朝の末期になるまでエジプト人の執着の対象となることはなかった。

エジプトで飼いならされたイエネコが最初に描かれたのは、中期王朝の、紀元前一九五〇年ころだ。広大な農耕社会にふさわしく、多くの墓のフレスコ画にはネズミと対峙するネコが描かれている。あるいは、野鳥を殺しているネコや、人間が与えた肉の豪華な部分を食べているネコもいる。たしかに、これらのネコの一部は見るからに太っている。エジプト学者のヤロミール・マレクは、そのようなネコの一匹を「不格好な生きもの」と説明し、ビーズのネックレスをして描かれている別のネコについては、「太り気味で意地悪そうな顔をしており……その食事の大部分は自分で狩りをしたものではなく、飼い主の親切心によるものだと想像できる」と書いている。

すでにエジプトの家庭に加わっていたことははっきりしているが、これらのネコは甘やかされたペットであり、神聖な生きものではなかった。イエネコが神聖な動物になるのはまだ何世紀もあとで、そのころには古代エジプト文明は衰えを見せ、内部の派閥が分裂し、隣国の力に脅かされていた。ヘロドトスが紀元前五世紀にエジプトを訪れた際には、「たくさんの動物がいる国ではない」と書いている。農耕と狩猟に何世紀も費やした末の国では、狩りの対象になる大型動物の大半は姿を消すか、王家の保護区に囲い込まれていた。この時期、ネコの女神バステトがなんだか唐突にライオンからイエネコへと変わった理由は、カリスマ性のある野生生物の不足によって説明できるかもしれない。それは、あたりの景観全体を手なずけたことを暗示する変化だ。

紀元前三三二年ごろから、ギリシャのプトレマイオス朝が三百年ほどにわたってエジプトを支配した。これら外国人による短く不安定な治世は、宗教的に混乱した興奮状態の時期となり、エジプトの動物崇拝が突如としてはるかに顕著なものになった。バステトとそのイエネコ――バステトの生身の使い魔――は、すぐにワニとトキ、その他の崇拝された動物たちを打ち負かし、おそらく最も人気の高い崇拝の対象になった。興味深いことに、ギリシャから来た支配者は特にネコを好きではなかったのに、この動物を中心とした土着宗教の躍進を支援した――あるいは、マレクが示唆するように巧みに操作した。聖職者の需要によって簡単に財政資金を確保できたし、バステトの崇拝は、宿の経営者、占い師、工芸職人（彼らはグランピーキャットさえうらやむような幻惑するネコの像を作った）による巡礼産業全体の発展にも役立った。

ナイルの町ブバスティスを本拠としたバステト崇拝は、特に盛大な祭りを執り行ない、飲み騒ぐ人々が国じゅうからパーティー船に乗って町にやってきた。最盛期には、こうした祭典に――多かれ少なかれネコを絶賛するもので、崇拝者は踊り、服を引きちぎった――推定で七〇万人の人々が参加したとされている。それはエジプトの人口のずいぶん大きな部分を占めている。バステトはぜいたくな神殿も持ち、そのひとつはブバスティスの中心にあって、ナイルの水が流れる幅三〇メートルの運河で囲まれていた。神殿の一部には本当のキャッテリー（ネコの飼育所）が備えられて、そこでは聖職者が無数のイエネコを育てた。王国じゅうで、ごく普通のペットのネコもバステトの地位の向上の恩恵を受けることになり、エジプトはほかの国からネコを帰還させて定住させる努力もしていたと言われている。

経済浮揚策に加え、エジプト政府はおそらくネコ崇拝のようなものが、崩壊しつつあった社会の亀裂を埋めることも歓迎したのだろう。このような馴染みの生きものとその神の周囲に集まることは、一種の国家的経費削減策となり、征服されたエジプト人にとってはアイデンティティを主張する方法になったと、マレクは指摘している。

おそらく現在と同じように当時も、ネコは誰でも応援できるもので、楽しい気晴らしになり、普遍的な喜びをもたらし、人々を従順にさせる力さえもっていただろう。実際、エジプト後期の混とんとして敵意に溢れた、派閥支配の雰囲気から、私はなんだかインターネットを思い起こしてしまう。

喜びの代償

インターネットネコが現代のロー（低位）・カルチャーの典型であるように、エジプトのネコへの熱狂は知的、精神的な欠点として非難される。古代の著述家たちはよく「エジプト人の動物への執着が奇異であることを手厳しく論評した」と、エジプト考古学者のサリマ・イクラムが書いている。それらの批評家は的を射ていた。当時の古代エジプト人の一部は、仲間の人間よりもネコのほうを大切にしていたと思えることがあるからだ。ネコが自然の原因で死ぬと人々は喪に服すために眉を剃ったし、ネコ殺しは重罪になった。歴史家のディオドロスによれば、エジプトを訪れたローマの訪問客がうっかりネコを殺したところ、ネコ愛好家が暴徒化して彼を殺してしまった。一方、エジプト人は自分たちのネコを丁寧にミイラにしていた。ごく初期にネコの死体を防腐処理したある人物は、自分のペットが「不滅の星」になることを望んだと言う。

私たちの時代でも、これはお馴染みの願いだ。ただし今では、防腐処理をする代わりにデジタルで書き込む。特にフェイスブックは新しい葬儀のフレスコ画で、私たちの限りある命に対する理想的な二次元の遺産になる。オンラインでは、私たちは誰も死なないと思いたがり、その考えの証として動物を利用しているのだろう。私は、インターネットのひときわ有名なネコの一部が――単純にもどこか遠くのリビンググルームで今も喉を鳴らしていると思っていたのに――現実に「不滅の星」になっていることを知って、少しショックを受けた。二〇〇〇年代に動画の人気が絶頂に達したキーボードキャットは、一九八七年に世を去っている。ハッピーキャットは、もう一〇年近く前、I Can Has

Cheezburger? で不死身になった直後に死んだ。ミャオ大佐は二〇一四年初頭に心臓麻痺で命を落とし、それ以降にファンの数は倍増して、毎日「ともだち」と「いいね」を積み上げている。

「彼はネコのトゥパック〔伝説のラッパー〕のようなものですよ」と、飼い主のアン・マリー・アヴィーは私に話した。「彼のたくさんのファンは、彼が世を去ったことに気づいてさえいません」。ファンたちは彼の誕生日になると今でもスコッチを飲み、新しい説明文がついた古い写真を見て笑っている。

だが、元祖のネコ好きと私たちとのあいだには、さらに驚くべき類似点がある。それは動物に対する死後の特権的扱いではなく、何匹のエジプトのイエネコが死んだかに関係するものだ。

考古学者が古代のネコのミイラにX線をかけたところ、その多くはおとなのネコではなく子ネコで、しかも乱暴に殺されていることがわかった。首はへし折られ、頭蓋骨は砕けている。どうやら虐殺されるためだけに育てられた動物だったらしく、巡礼がネコ神の神殿に大挙して押しかけるバステトの春の祭りごろ、奉納するミイラ用の死体として大量に送り届けられたらしい。このような大規模な虐殺は、やはり原始的な(そして言うまでもなく絶望的な)生息数抑制の試みでもあった可能性がある。

バステトの巡礼が組織的な殺害についてどれだけ知っていたか、またはそれに賛成していたかどうかは、よくわからない。私自身、ときどきネコのことで祈っており、数千年前の絞殺されたエジプトの子ネコの絵を見ていると、つい最近目をそむけずにはいられなかった一枚の写真を思い出した。それは、カリフォルニアのたったひとつの動物保護施設で午前の一回分として安楽死させられたネコたちの、フワフワした山の写真だった。

私たちはエジプト人よりもはるかに大量のネコを殺していて、アメリカだけでも年間数百万匹をあの世に送り出し、死体を火葬にしている。私はこれまで、それらのネコが生贄の動物だと考えたことはなかったが、ある意味では生贄なのかもしれない——私たちがネコ科の仲間たちから手に入れるほとんどスピリチュアルと言える喜びの、秘密の代償だ。

人間の崇拝と無関心は危険な共存方法を心得ており、特に動物が関係してくるとそう言える。私たちが何かをどれだけ「愛している」としても、それを破壊することと無関係ではいられない。そしてこれは、イエネコほど可愛らしくない、いっしょに住むのに都合がよくない、または生き残る《サバイバル》のが得意でない動物をどのように扱うかについて、深刻な意味合いをもつ。ペットは、結局のところ、私たちが消えていく自然界に対する考えを形成する「るつぼ」になっていく。

私はこの本の全体を通して、ネコという動物をあるがままに、人間のおもちゃではなく、戦略と物語をもった力強い生きものとして理解することが重要だと論じてきた。このような目でネコを見ることによって、私たちは自分自身を理解し、自分が何をできるかを完全に知ることができる——優しさと残酷さが独特に入り混じって無限の、多くは無頓着な影響を及ぼしている、私たち自身の力を知ることができる。それを知らなければ、この地球上の多くの生きものにチャンスはないだろう。

それでもイエネコは、そんなこととは無関係に、これからもうまくやっていく。一四世紀にネコ崇拝がキリスト教の前に屈し、バステトの神殿が破壊されて聖職者が殺されても耐えてきたように。イエネコが九つの命をもつというのは、何と言っても、エジプト人の考え方だ。

ミイラになったネコさえ生贄から生き延びた。ヴィクトリア朝時代の考古学者が二〇〇〇年後に共同墓地からミイラを掘り出して、トン単位でイングランドに送り、農業用肥料として利用したのだ。時を同じくして、正式なネコ愛好家の集いが誕生し、偉大なライオン殺しがサファリからお茶を飲みに国に戻った。

だからイエネコは、人間が成功し続ける限り、たぶんそれより長く、成功し続けるだろう。だが同時にイエネコは人間がいなければ存在しなかったはずで、厳密には人間の創作物ではないけれど、人間が作り出したものだ。たぶん「親しい仲間」というのが、最も適切な言葉だろう。

だが私たちとは違って、ネコにはいつも罪はない。

フェスティバルがはじまる

男たちはハスの笛を吹いた。女たちはシンバルとタンバリンを演奏し、楽器をもたない者たちは手拍子や踊りで音楽に合わせ、身振り手振りだけで楽しむ者もいた……ブバスティスに到着すると、素晴らしくも厳粛なる祝宴を張り、一年の残りの日々で飲むより多くの葡萄酒をそのときだけで飲んだ。それがこの祭りのやり方だった……(ヘロドトス、紀元前四五〇年ごろ)

ここはブルックリンか、それともブバスティスか？　ナイトクラブは方向がわからないほど暗い。ネコの耳と尻尾をつけた人間のシルエットがこっそり通りすぎる。足首に死んだネコの首輪をつけた人や、ネコの遺灰をいっぱい詰めたロケットを首から下げた人もいる。みんな、何か効き目のあるもの、たぶん葡萄酒を大量に飲んでいるらしく、職人芸のピロシキや、そっと持ち込まれたケールクッキーを楽しみながら、フェスティバルの開始を待っている。「スーパーキュート！」という名前のガールズバンドがシンバルを叩き、甲高い声で歌う。ファンは爪先立ちをしながら、現代のチェシャネコ、リルバブを探す。会場のどこかにいて、その笑顔を浮かび上がらせたり消したりしているはずだ。

インターネット・キャット・ビデオフェスティバルは、オンラインのネコの動画の寄せ集めのようなものだ。ロゴは吠える子ネコで、メトロ・ゴールドウイン・メイヤー（ＭＧＭ）のライオンのロゴのミニチュア版になっている。バステトのナイル川に浮かぶ祭りに似て、あちこちを巡回する――ツアーの予定には、ロンドン、シドニー、メンフィス（エジプトではなく、テネシー州のほう）での開催が含まれている。

フェスティバルの会場で私が見かけた本物のネコは一匹だけで、パーシップという名の青白い色をした優雅な姿が、誰かの肩の上を幽霊のように漂っていた。パーシップは冷静な目で見つめるが、誰も彼女に気がつかない。

「前世の姿を忘れている人間とは違い、ネコは何世代も前のことまで実際におぼえている」と、カール・ヴァン・ヴェクテンは書いている。

「ネコたちはどこ！　ネコたちはどこ！」

酔っぱらった群衆が歌うように声を合わせて叫びはじめる。

人間の少女たちが歌い終え、はっきりとした意思をあらわすかのようにアンコールの声は起きない。本物のショーがはじまろうとしている。

謝辞

小さなイエネコの物語は、驚くほど大きないくつもの疑問にぶつかる。それぞれの仕事の内容や考え方をていねいに話してくださった数多くの科学者、活動家、情熱家のみなさんに、文中でお名前をあげた方々にも、そうでない方々にも、心からの感謝を捧げたい。

編集者のカーリン・マーカスは原稿を適切に管理し、ミーガン・ホーガンはその後手際よく整理してくれた、ほんとうにありがとう。そして著作権代理人のスコット・ワックスマン、信頼と支援をありがとう。

エリザベス・クイル、E・A・ブルナー、スティーブン・キール、マイケル・オラヴ、パトリシア・スノウ、モーリーン・タッカー、スティーヴン・ドング、ジュディス・タッカー、チャールズ・ドーサットには有益な提案に、リン・ガリティには鋭い調査の手腕に、心から感謝している。マーク・ストラウスからは、名言とネコに関する機転の利いた引用文が、まさに適切な瞬間に届けられた。テレンス・モンマニーは、この本に関する意見と励ましを、そしてこれまで長年にわたって助言と編集に関する見識を寄せてくれた。ほんとうにありがとう。

私が今こうして数多くの機会を得ているのは、マイケル・カルーソーと『スミソニアン』誌のすべての編集者の方々、またキャレイ・ウィンフレイ、ローラ・ヘルムス、ジーン・マーベラ、故メアリー・コーリー、ウィル・ドゥリトル、アンドルー・ボツフォード、マージョリー・ゲリン、ロバート・コックス、キャサリン・ワッソールをはじめとした素晴らしい編集者と師のおかげであり、全員にお礼を申し上げたい。

そして誰よりも私の家族、なかでも優しくて並外れた夫のロス、三人の子どもたち、グウェンドリン、エレノア、――新たに加わった――ニコラスに、感謝している。ニコラスがはじめて話す言葉は、まだ誰にもわからない。

著者
アビゲイル・タッカー　Abigail Tucker
ライター。スミソニアン協会（スミソニアン博物館などの運営元）が発行する『スミソニアン』誌の記者。彼女の記事は、毎年、最も優れた科学読み物を選ぶ「ベストアメリカン・サイエンス＆ネイチャー・ライティング」に掲載された。また、コロンビア大学のマイク・バーガー賞、ナショナル・ヘッドライナー賞などを受賞。本書で多数の年間ベストブック・賞を獲得している。大の猫好き。

著者サイト
http://abigailtucker.com/

★ ニューヨーク・タイムズ・ベストセラー
★『フォーブス』誌　ベスト・サイエンス・ブックス（2016）
★『ライブラリー・ジャーナル』　ベスト・サイエンス・ブックス（2016）
★『スミソニアン』誌　ベスト・サイエンス・ブックス（2016）
★ バーンズ＆ノーブル　「ディスカバー・グレイト・ニューライターズ」賞（2016）
★ 世界12カ国で刊行

☆本書の「注」は、下記よりダウンロードいただけます
www.intershift.jp/nekoda.html

訳者
西田 美緒子（にしだ みおこ）
翻訳家。訳書は、キャスリン・マコーリフ『心を操る寄生生物』、チャールズ・フォスター『動物になって生きてみた』、ペネロペ・ルイス『眠っているとき、脳では凄いことが起きている』、ジェンマ・エルウィン・ハリス編著『世界一素朴な質問、宇宙一美しい答え』など、多数。

猫はこうして地球を征服した
人の脳からインターネット、生態系まで

2018年1月15日　第1刷発行
2018年3月15日　第2刷発行

著　者　　アビゲイル・タッカー
訳　者　　西田 美緒子
発行者　　宮野尾 充晴
発　行　　株式会社 インターシフト
〒156-0042　東京都世田谷区羽根木 1-19-6
電話 03-3325-8637　FAX 03-3325-8307
www.intershift.jp/
発　売　　合同出版 株式会社
〒101-0051　東京都千代田区神田神保町 1-44-2
電話 03-3294-3506　FAX 03-3294-3509
www.godo-shuppan.co.jp/
印刷・製本　シナノ印刷
装丁　織沢 綾

カバー＆オビ：DenisNata, Eric Isselee, Studio Barcelona©（Shutterstock.com）
本扉：Jumnong©（Shutterstock.com）

ISBN 978-4-7726-9558-9　C0040　NDC400　188x130